本书由国家社科基金重大项目"人工认知对自然认知挑战的哲学研究"（21&ZD061）

山西省"1331 工程"重点学科建设计划

山西大学"双一流"学科建设规划

资助出版

认 知 哲 学 文 库

丛书主编 / 魏屹东

认知涌现论研究

RESEARCH ON
COGNITIVE EMERGENTISM

苏圆娟　　著

社会科学文献出版社
SOCIAL SCIENCES ACADEMIC PRESS (CHINA)

文库总序

认知（Cognition）是我们人类及灵长类动物的模仿学习和理解能力。认知的发生机制，特别是意识的生成过程，迄今仍然是个谜，尽管认知科学和神经科学取得了大量成果。人工认知系统，特别是人工智能和认知机器人以及新近的脑机接口，还主要是模拟大脑的认知功能，本身并不能像生物系统那样产生自我意识。这可能是生物系统与物理系统之间的天然差异造成的。而人之为人主要是文化的作用，动物没有文化特性，尤其是符号特性。

然而，非生物的人工智能和机器人是否也有认知能力，学界是有争议的。争议的焦点主要体现在理解能力方面。目前较普遍的看法是，机器人有学习能力，如机器学习，但没有理解能力，因为它没有意识，包括生命。如果将人工智能算作一种另类认知方式，那么智能机器人如对话机器人，就是有认知能力的，即使是表面看起来的，比如2022年12月初开放人工智能公司（Open AI）公布的对话系统Chat GPT，两个AI系统之间的对话就像两个人之间的对话。这种现象引发的问题，不仅是科学和工程学要探究的，也是哲学要深入思考的。

认知哲学是近十多年来新兴起的一个哲学研究领域，其研究对象是各种认知现象，包括生物脑和人工脑产生的各种智能行为，诸如感知、意识、心智、自我、观念、思想、机器意识，人工认知包括人工生命、人工感知、人工意识、人工心智等。这些内容涉及自然认知和人工认知以及二者的混合或融合，既极其重要又十分艰难，是认知科学、人工智能、神经科学以及认知哲学面临的重大研究课题。

"认知哲学文库"紧紧围绕自然认知和人工认知及其哲学问题展开讨

论，内容涉及认知的现象学、符号学、语义学、存在论、涌现论和逻辑学分析，认知的心智表征、心理空间和潜意识研究，以及人工认知系统的生命、感知、意识、心智、智能的哲学和伦理问题的探讨，旨在建构认知哲学的中国话语体系、学术体系和学科体系。

"认知哲学文库"是继"认知哲学译丛""认知哲学丛书"之后的又一套学术丛书。该文库是我承担的国家社科基金重大项目"人工认知对自然认知挑战的哲学研究"（21&ZD061）系列成果之一。鉴于该项目的多学科交叉性和研究的广泛性，它同时获得了山西省"1331工程"重点学科建设计划和山西大学"双一流"学科建设规划的资助。

魏屹东

2022年12月12日

摘　要

　　认知涌现论是将涌现论和认知科学的论题相结合，回答以什么样的方法、形式解决认知现象问题的一个较为重要的理论。认知现象和物理现象之间的关系构成了当代认知科学的核心论题。还原论坚持认知现象可以还原为生理物理现象来解释，旨在建立一种统一的科学模式。认知涌现论认为还原论忽视了认知的主体性，强调心理现象和物理现象之间的连续性，重视外部环境及其对认知的影响和作用，将涌现论引入对认知、心智的研究，通过建立认知涌现论的解释机制整合认知科学的研究范式。哲学、生物学和复杂性科学为探索认知涌现论提供了思想背景和理论基础。认知涌现论与机械论、活力论、进化论、机体论、系统论、复杂性科学等理论体系相关，从历史维度上，与不同时期不同学科的主题相结合，形成了层级进化涌现论、过程机体涌现论、生成系统涌现论、整体社会涌现论等。认知涌现论围绕心—物连续性原则、层级原则和语境依赖原则的工作假设，以及离身与具身、强涌现和弱涌现以及因果关系的主要论题、解释机制进行了重点阐述。意识涌现论是心身问题在认知科学中的另一种表达。学术界有不同形式的唯物主义的认知涌现论，邦格的意识涌现论以系统的形式化在一定程度上为科学研究认知涌现论进行了辩护，但是形式化往往缺失意义的表达。辩证唯物主义、具身认知科学和语境论对邦格的意识涌现论在意识属性、具身因素和形式化方面给予补充和完善，并为认知科学研究提供新的思路。

　　关键词：认知；涌现论；具身认知；语境论

‖ 目 录 ‖

‖ Contents ‖

导　论

　　认知科学自20世纪70年代形成以来，旨在对认知和心智进行科学研究。目前人工智能、脑科学和神经科学都取得了重要的进展，但是学界对心身问题的研究并没有新的突破，例如，第一代认知科学——离身认知科学将认知和肉身分离，认为认知就是程序化操作，就是计算和表征，与物质载体无关，忽视人的参与性和主体性，加剧了笛卡尔以来的心身二元分立。第二代认知科学——具身认知科学将认知主体作为认知基本单元，主张认知是大脑、身体和环境相互作用的共涌现。具身认知在主体和客体、心理现象和物理现象或者意识和物质统一的基础上来研究认知的产生机制，在某种程度上为解决意识的"难问题"提供了方法。但是，离身认知科学和具身认知科学是断层的，没有统一的基础，只是转换了对古老心身问题的解答方式。认知涌现论以涌现论为分析方法，从动态的角度，将认知的基本单元无论是神经元还是生命体，抑或环境，统一到认知的基底上，在融合心理现象和物理现象关系的基础上，为统一认知科学的两种范式提供了可能。

一　选题的意义与目的

　　认知科学在计算机模拟认知方面，经历符号主义、联结主义到动力主义的发展历程：符号主义将人类的认知和心智抽象到符号层面来操作，认为认知无非就是一系列的符号运算，以形式化理论来表征世界；联结主义将人类认知看作大脑中大量神经元相互作用的复杂活动，在人工神经网络中，大量并行分布处理器以各种连接模式构建大脑；20世纪90年代中期，动力主义将动力系统理论用于研究认知机制，主张采用客观实验方法，强调认知是行为和环境的结合，并具有动态性、持续性的动力系统的属性。符号主义和联结主义认为认知与物理系统、认知环境无关，包括动力主义，其认知机制仍然还是心智的计算机的隐喻。具身认知科学看到第一代认知科学的缺点，重视认知对身体的依赖，认为认知是大脑、身体和环境相互作用的整体结果。从符号主义到联结主义再到动力主义的离身认知科学，以及以具身心智、生成主义、延展认知等为代表的具身认知科学，都不同程度地表现出涌现论的特性，不仅丰富和发展了经典涌现论，还表现出自己的特性。

一方面，认知科学是一门相对崭新的交叉学科，是一门旨在对人类的心智、认知过程和大脑运行机制进行研究的学科。目前，针对这一基础性问题，认知科学的研究进路有心理学进路、语言学进路、生理物理学进路、神经生理学进路、人工智能进路、复杂性科学（complexity science）进路等。从哲学意义上来看，这些研究进路此消彼长，究竟谁居于主导地位，学界始终没有一个定论，对认知研究始终没有达成共识并形成一个统一的范式。这些研究进路为我们用涌现论来分析和研究认知和心智提供了丰富的背景，也为认知涌现论作为一种研究范式提供了可能。

另一方面，涌现论在哲学和科学领域得到长足的发展，每个领域讨论的主题都是对涌现论不同角度的论述。哲学特别是心灵哲学，主要关注涌现论的不可还原性和因果关系。科学领域中生物学、物理学、复杂性科学（包括系统科学），侧重讨论涌现论的性质、模型，例如复杂性科学中的复杂适应系统。社会科学研究个体和社会的关系。在认知科学中，主要是联结主义、生成主义涉及涌现研究，但都是零星的，没有系统的、全面的分析。认知涌现论就是以认知科学的现代成果和研究范式为背景，使用涌现论方法分析认知和心智在离身认知科学和具身认知科学中的表现和差异，考察意识和物质、心理现象和物理现象的关系，探索意识自然化的可能性。更为重要的是，我们要进一步挖掘涌现论的深层意义，采用适当的切入点将哲学和科学融合起来，在缓和二者关系的同时，又保持它们之间的张力，以便相互促进各自的发展。

因此，本书旨在论证认知涌现论作为一种研究范式的合理性和有效性，尝试论述这一理论对认知科学范式和核心论题的透视，可从以下几方面彰显这一主要目的和意义：

第一，梳理涌现论的来龙去脉，总结认知涌现论的含义、特征、类型；

第二，提出认知涌现论的工作假设，以及在认知科学中形成的核心论题；

第三，尝试提出认知涌现论的解释机制；

第四，试图在认知科学框架内将涌现论运用于意识的研究，分析意识涌现论的不足，结合辩证唯物主义、具身认知科学和语境论，提出一种综合的唯物主义的认知涌现论；

第五，论证认知涌现论的合理性，为解决心身二元分离问题，统一心理现象和物理现象提供新思路。

二　核心概念的界定与研究框架

认知涌现论是在认知科学视野下，将认知和涌现论相结合研究认知和心智的理论，有必要对认知和涌现论的概念做一个明确的界定。这一方面有助于我们理解不同学科破解心身问题的立足点；另一方面能帮助我们理解认知涌现论的背景、主要论题，尝试统一认知科学的两种研究范式，而涌现论就是统一的根基所在。

（一）认知和涌现论概念的界定

1. 认知概念的界定

1979 年 8 月，美国认知科学学会成立，创办《认知科学》（*Cognitive Science*）作为学会的正式刊物，这标志着认知科学作为一门学科，被确立起来了。更为重要的是，认知科学作为一门独立学科，已经逐渐形成了一套独特的研究纲领、工作范式和基础假设。同时，认知科学也是一门综合性学科，一般认为认知科学包括六门学科，即哲学、人类学、语言学、认知心理学、计算机科学、脑科学，其中认知心理学、计算机科学、脑科学为核心分支学科。

认知最早是从心理学研究开始的，从这个意义上讲，"'认知科学'这个标签已用于一组研究'认知'的科学"①。认知科学基于对认知这个同一问题的不同解答把不同学科的研究综合在一起，形成一个单独学科。

基于认知的研究，各门子学科从各自学科领域沿着不同的进路，对认知问题进行相关研究，并在各自领域取得显著成绩，却没有构建起一个能得到各门学科普遍认同的基础性理论。认知的定位对于认知科学的研究范式形成和取向有着重要的影响，并推动着认知科学论题的转变和发展。厘清认知的发展脉络以及含义，对于理解认知科学和促进认知科学的发展，以及各门子学科的发展有着重要的意义。

从历史上看，对认知问题的关注始于哲学上对心灵、认识论的探讨，心身问题在古希腊表现为灵魂和肉体的关系问题，在中世纪表现为人如何认识外部世界——信仰和理性的关系问题。近代笛卡尔提出心身二元论，该理论是近代科学和宗教共同作用的产物，引起科学家和哲学家的激烈争论，无论是从科学的实证和实验研究角度来讨论该问题，还是从哲学的思辨和批判的角度来讨论，都没有获得令人满意的答案。

20 世纪以后，西方哲学发生了重大转变，转向对语言的关注，科学哲学发生了语言学转向。从本质上看，就语言和心智关系而言，语言处理意义和符号的关系，也是认知、心智和思维的载体，而大脑是它们的物质基础，促进了离身认知科学的产生和发展。认知科学以脑科学和人工智能、认知神经科学、认知心理学等学科的发展为基础，综合研究认知和心智。

在不同学科，认知的内涵不同。在《简明心理学辞典》中，认知含义如下："译自英文 cognition，即认识，在现代心理学中通常译作认知。指人类认识客观事物，获得知识的活动。包括知觉、记忆、学习、言语、思维和问题解决等过程。按照认知心理学的观点，人的认知活动是人对外界信息进行积极加工的过程。"② 因此，认知是一种知识，包括获得这种知识的过程；是一系列心理活动；是信息加工过程。认知既是信息加工的一种状态，也是这种操作的结果。但认知不同于认识，认识是主体对客体的一种

---

① 〔德〕艾卡特·席勒尔：《为认知科学撰写历史》，仕琦译，《国际社会科学杂志》（中文版）1989 年第 1 期。

② 杨治良主编《简明心理学辞典》，上海辞书出版社，2007，第 8 页。

对象性活动，涉及认识主体、客体、中介等要素。而认知是一种心理活动，是信息加工的过程和结果，其范围比认识小，源于感觉。

认知科学就是以认知过程及其规律为研究对象的科学。认知是脑和神经系统产生心智的过程和活动，人们把除了情感和人格等心理属性以外的人类的心理活动，包括感知觉、注意、表象、学习、记忆以及思维等，看作某种认知活动，而且也认为所有这些认知活动都是对信息的加工和处理。我们认为，在认知科学视域下，认知是指认知的产生机制。虽然认知科学的发展只有短短几十年的历史，而对认知的研究则有较长的历史，认知的研究论题也并非一成不变。从对认知的研究到对认识论的研究再到认知科学论题的确立、发展，认知概念在每个时期与哲学的论题密不可分，并随着哲学论题的变换不断发生变化。古老的心身问题并没有消失，在认知科学中表现为心理现象和物理现象之间的关系，集中地反映为意识问题。

2. 涌现论概念的界定

"emergence"一词有突现、涌现之义。从词源上看，"emergence"源于拉丁语"emerge"，有显现、生成、露出等含义。另外，该词还有羽化、产生之义。羽化指的是昆虫从蛹变成虫，有破茧成蝶之类的意思。"emergence"大多数情况下都是作为动词使用。"实现"一词强调行为、动作突然发生，但行为方向性含糊，可以是从下面突然出现，也可以是从上面出现，或者从后面出现。"涌现"一词方向性明确，蕴含上升趋势，包含质变发生的过程和质变产生的结果，使得前后相继的事物有连续性。我们认为将该词译为"涌现"更具有包容性。

涌现论一词的英文为"emergentism"，指的是部分相互作用系统具有而组分所不具有的整体属性，是在微观进化的基础上，宏观系统发生质变的过程，伴随着新质的产生，表现出"整体大于部分之和"的特征，这是基于复杂性科学研究的概念，是对当时流行的还原论方法的对抗。20世纪30年代，在科学哲学领域，逻辑实证主义提出可证实性是检验科学的标准，能被经验证实的就是科学，否则被剔除到科学之外，形而上学是无法通过经验证实的，应该被排除到科学之外，它还主张通过物理语言来统一科学，所有科学都可以还原为物理学。20世纪80年代，在当代科学发展的新领域也即系统科学发展的新阶段——复杂性科学阶段，人们的思维方式发生重大变革，这种新思想反对还原论，主要有耗散结构理论、协同学、超循环理论、突变论、混沌理论、分形理论和元胞自动机理论等。在新思维方式影响下，物理、数学、生物等自然科学领域，以及经济、社会、管理等社会科学领域取得了重要成果。我们正是在这个意义上，进一步将涌现论和认知科学结合起来研究认知科学的主要论题。

有些学者将涌现译为突变，但涌现与突变二者之间意义有着本质的不同，应该加以区分。突变一词始于生物学领域。突变（catastrophe），初始之义是"灾变"，与渐变相对，最初由荷兰植物学家和遗传学家德弗里斯（Hugo Marie de Vries）提出，他认为生物进化源于骤变。在20世纪60年代末，法国数学家托姆（R. Thom）重新定义突变论，该理论是托姆为了解释胚胎学中的成胚过程而提出来的，主要强调变化过程的间断或者突然转变。突变论是主要研究不连续现象、研究形态学的理论。另外，在中国知网检索"突变论"一词，搜索到的英文文献一律使用的是"catastrophe"。涌现论研究高层级和低层级之间的关系、层级性问题等，源于对异质因果关系的分析，经历短暂的衰落，在心灵哲学和复杂性科学的推动下，再次作为时代的焦点而出现。

涌现论的"整体大于部分之和"的属性，可以追溯至古希腊时期亚里士多德对"整体大于部分之和"的概述。他从形式和质料的关系阐述了整体和部分的关系。他认为形式是整体，质料是部分，质料因为形式的作用而成为事物，整体不是部分的简单相加。本书将从穆勒（J. S. Mill）时期到20世纪20年代这一时期英国学者对涌现论的看法和观点称为经典涌现论。目前，学界对经典涌现论起始时间的看法不一致，有的认为是亚历山大（S. Alexander）、摩根（L. Morgan）、布罗德（C. D. Broad）等这一时期，有的认为应该包括穆勒和刘易斯（G. H. Lewes）时期。对此，本书认为经典涌现论出现在从穆勒到亚历山大、摩根、布罗德这一时期。

虽然目前有关大脑、神经科学等研究取得丰硕成果，因为"认知科学所有的理论困境和实践困难的另一个重要根源在于我们对人类认知和智能的本质缺乏真正的认识"[①]，而认知涌现论将涌现论和认知相结合，能结

---

① 刘晓力：《认知科学研究纲领的困境与走向》，《中国社会科学》2003年第1期。

合神经科学、脑科学、人工智能和心理学的研究成果，在心理现象和物理现象统一的基础上探索人类认知的产生机制，为解决当代认知科学的困境提供一个思路。

对于涌现论的背景介绍，我们按照学科来进行，不同学科对涌现论的某种思想和含义有所强调或者弱化，例如，生物学认为生命现象是化学涌现的特性，哲学主要研究涌现的不可还原性。在不同的时期，由于科学和哲学的论题不同，涌现论的内涵会沿着不同方向得到发展。例如，在复杂性科学中，涌现论从动态方面强调部分之间的相互作用，而经典涌现论强调涌现的质的新颖性、不可还原性。

（二）认知涌现论的研究框架

认知涌现论围绕涌现论和各门学科的关系从时间维度上按照不同时期学科的主题来展开，主要是在生物学、复杂性科学、心灵哲学和认知科学的视野下进行阐释的。

1. 经典涌现论

涌现论作为一种科学理论的方法，是 20 世纪 70 年代复杂性科学谈论的事。虽然穆勒对化学中异质因果关系的分析，使涌现论的思想萌芽，但真正明确提出涌现论的是刘易斯，他于 1875 年在《生命和心智的问题》（"Problems of Life and Mind"）中对此进行了概述。之后，涌现论在哲学和科学中不断得到发展，尤其是在生物学中。20 世纪 20 年代，一批英国哲学家反对达尔文的进化是渐变的思想，认为进化过程中也有突变。这些哲学家包括亚历山大、摩根、布罗德等，其中亚历山大对澳大利亚的哲学产生了重大影响，并对怀特海（A. N. Whitehead）的过程哲学产生了影响，主要著作有《空间、时间与神》。他认为，时空是万物的基础，万物的层级由低到高依次为无机物、有机物、生命、心灵和神。世界是按照层级进化成新的质，神是最高层级的实在，高层级是低层级涌现的结果，具有不可还原性。在这里，神指的是神的实在性，它推动了低层级到高层级的各层级的涌现。摩根认为世界是神按照物质、生命和心灵从低层级到高层级创造的，"心灵一层则以物质与生命为基础，并具有更复杂的结构。认为结构的变化是一种突变，从前一层次不能分析出后一层次的结构，三个层次各有规律，不能以这一层次的关系、结构或规律去解释另一层次的关系、结构或规律"①。他指出，各层级都有自己的规律、结构，高层级和低层级不一样，不能还原到低层级，具有不可解析性和不可还原性。

英国哲学家将涌现和进化论相结合，形成了早期生物学哲学的涌现特性，简言之，涌现物是低层级事物相互作用涌现出新事物、创造物，具有质的新颖性、不可还原性。从上述对亚历山大的涌现观点分析可以看出，这一时期，"质的新颖性"指的是涌现物或者高层级的涌现事物是一种新的事物，该事物在结构、关系和规律方面都和较低层级的事物不相同。虽然低层级的事物是高层级的基础，但是不能用较低层级的规律来解释高层级的规律，这体现了高层级事物具有不可还原性。层级涌现是物质的神性推动或者是一种冲动，没有明确涌现的具体产生过程。

经典涌现论的杰出代表布罗德以形式化提出涌现概念，并用跨层定律来解释涌现，认为不存在单层级的物质。经典涌现论的主要特征为具有多层级性、不可还原性，带有神秘性，它为神学留下余地，有时又被称为层级进化论、涌现进化论。

随着逻辑实证主义和现代科学的发展，经典涌现论由于自身的不完备，进入衰退期。在20世纪二三十年代以后，由于自然科学的发展，特别是对还原论的反对，再加上整体论的发展，涌现论在复杂性科学和心灵哲学中得到充分的发展，并在各自领域形成新的论题，丰富了涌现论的内容和意义。

2. 复杂性科学中的涌现论

复杂性科学是通过建立模型研究涌现机制，其核心是复杂性，在系统科学的基础上于20世纪六七十年代再次得到发展，涌现特性表现出"整体大于部分之和"和"整体小于部分之和"。

20世纪80年代，美国圣菲研究所成立，其奠基人之一霍兰（J. Holland）在《涌现：从混沌到有序》《隐秩序：适应性造就复杂性》中提出涌现理论和遗传算法，在学术界引起了很大反响。复杂系统科学家认为非线性、不确定性、涌现性是复杂性科学的主要特征，在某种程度上，复杂性就是涌现性。他发现了基本单元之间的非线性关系和不对称结构，重视"大量

---

① 冯契主编《外国哲学大辞典》，上海辞书出版社，2008，第218页。

基本单元""相互作用"在复杂研究中的作用，特别是环境对系统的作用和影响，以及复杂系统表现出的整体适应性。

与经典涌现论相比，复杂系统科学家在科学的视域下，采用计算机建立模型，比如复杂适应系统、元胞自动机，对涌现机制进行研究，剥离了具有宗教色彩的神和上帝。在乌杰看来，"自组织产生的涌现就是相应层次的系统，新的相应层次的整体、新的层次、新的个体"①。所以，在复杂性科学阶段，涌现的层级性、适应性、相互作用等特征被重视。涌现是一个生成的整体属性，而不是源于外部神的推动，突出涌现是宏观层级实现的整体属性，缩小了经典涌现论的层级数量，仅仅从部分和整体、微观和宏观两个层级来研究涌现的属性。

3. 心灵哲学中的涌现论

心灵哲学对涌现论的不可还原性产生的因果性进行大量研究。脱胎于分析哲学的心灵哲学再谈涌现论的思潮，主要是因为现代科学的发展，特别是神经科学、脑科学的发展。心灵哲学家积极利用了自然科学取得的成功，其流派功能主义、取消论等还原论的策略不断受到挑战，在其建立统一科学的宗旨下，将涌现论与心灵相结合解释意识或生命现象是涌现的。哲学家利用涌现论的不可还原性特征发展了涌现论的思想，将下向因果关系作为涌现论的一个重要特征来讨论。其中，在《物理世界中的心灵》一书中，金在权（J. Kim）利用随附性来改造涌现论，将随附性作为涌现的必要条件。但是由于涌现论的下向因果关系违背因果闭合原则，它遭到反涌现论者的诟病。

此外，在社会科学、量子力学中，都有涉及涌现论，社会科学主要研究个体和社会的关系，量子力学研究量子纠缠及不可分离性。虽然其他学科领域不像上述三个领域如此多地涉及涌现论，但涌现论也在这些领域激起了波澜。

综上，涌现论经过经典涌现论、复杂性科学中的涌现论、心灵哲学中的涌现论的发展历程，其基本含义如整体性、层级性、不可还原性都被保留下来，随着学科主题的发展而变化。

---

① 乌杰：《系统哲学》，人民出版社，2008，第80~81页。

4. 认知科学中的涌现论

涌现论不仅在生物学、物理学、复杂性科学、心灵哲学等学科中得到广泛的发展，也在认知科学中产生了深刻的影响。认知涌现论将认知科学的研究主题——认知（包括认知和心智）和涌现论的产生机制相结合，这作为一种新的研究方法被运用于各学科研究。

认知科学是一门综合学科，既涉及哲学又涉及科学学科，本质上为融合科学和哲学提供了广阔的、天然的基础。科学的发展需要哲学的批判功能，哲学的发展需要以科学的新成果为据，科学发展不断产生新问题、新方法、新成果，为哲学发展注入活力和生机，有时候还能引起哲学论题的转变，并引起人们世界观发生变化。认知涌现论基于现代科学的研究成果，如神经科学、脑科学、人工智能对大脑结构和功能的发现，将意识的神经生物基础和心理现象结合起来，将认知置于大脑、身体和环境的基底上讨论认知产生机制。

古老的心身问题自从提出以来，哲学家和科学家以各种形式展开了讨论，对心身关系问题的回答有两种——心身分离或心身是机械的统一体，二者都存在问题，这注定各种方法似乎都不完美，而将各种派别和范式结合起来，取长补短，不失为一种方法。认知科学在科学领域对新的心身问题——心理现象和物理现象的关系进行讨论。认知涌现论在认知科学的每个研究范式中都被零星涉及，没有被重点提出来。离身认知科学更多的是关注认知的内在产生机制，采用计算机模拟大脑的结构和功能，经历符号主义、联结主义、动力主义等，从生物体的局部官能研究心智，例如，联结主义认为认知是神经元相互作用的整体涌现。具身认知科学重视身体对认知的重要性，将主体作为认知的基本单元，认为认知是大脑、身体和环境相互作用的整体涌现。可以看出，认知基本单元增加了主体、环境的因素，将主客体以及环境统一起来。离身认知科学和具身认知科学对于因果关系表现是不同的，前者基于计算机模拟，后者基于主体和客体关系。离身认知科学认为意义是符号计算或者神经元网络的权重。具身认知特别是生成认知，认为认知是大脑、身体与环境的共涌现。近些年来，认知科学越来越重视对意识的研究，本书从辩证唯物主义角度分析意识涌现论，提出一种综合的唯物主义对其进行修正和发展。

总之，认知涌现论拓展了经典涌现论的范围，本书利用复杂性科学中涌现论的科学概念，按照逻辑与历史展开，从类型、特征、机制等方面进行刻画，以综合的唯物主义的立场来进行批判和修正，最终实现对认知涌现论进行比较全面的剖析和认识。

三　国内外研究现状

认知科学作为一门交叉学科，综合了哲学、心理学、语言学、人类学、计算机科学和神经科学六大学科，主要探究认知工作机制，其热点论题有认知科学中的哲学问题、心身问题、意向性、感受质（qualia）、主观性，等等。由于认知系统的复杂性，我们在研究认知、心智现象时，有必要对它们进行多维度、多学科的研究和分析，以学科为基础，对各学科中涌现论的核心要点进行分类概述，以便明确和把握认知涌现论在国内外的研究现状和进展，从而可以在完整的意义上对认知涌现论进行全方位的把握和认识。此外，根据认知涌现论的研究主题对文献进行划分，主要目的是将学者对于涌现论同一问题不同角度的研究综合起来，尽可能地全面反映国内外研究现状。

（一）国内研究现状

国内研究涌现论的资料比较多，主要集中在哲学特别是心灵哲学和复杂性科学领域。认知科学中联结主义、生成主义有涉及涌现的研究，但并没有系统的研究，文献相对较少。另外，社会科学领域也有涉及。我们选取一些与认知涌现论的主题紧密联系的、具有代表性的文献进行分析，从以下几方面进行考察。

1. 认知涌现论的概念、分类、特征

（1）哲学和复杂性科学中的涌现论

国内研究复杂性科学的学者有很多，自 20 世纪 80 年代以来，有张华夏、苗东升、黄欣荣、颜泽贤、吴畏、范冬萍等，范冬萍在这方面的成果最多，主要集中在复杂性科学。本部分主要是按照逻辑关系顺序展开的。

概念分析。冯艳霞在《Supervenience 和 Emergence 之辨析——论 Supervenience 和 Emergence 两者的融合》（2009）中从非还原主义的立场入

手，界定了"supervenience"和"emergence"的词源、译法，分析了二者产生的历史背景、哲学背景。从哲学角度，论证"supervenience"不同于"emergence"，尝试将二者融合起来支持其非还原主义的立场。樊艳平在《新兴交叉学科的形成与自组（织）涌现的哲学》（2012）中主要论述了新兴交叉学科自组织涌现的条件、本质和哲学原理。

苗东升对涌现论的讨论比较多，我们对涉及的重点文献进行解读。他在《系统科学的难题与突破点》（2000）中阐述了系统科学的发展瓶颈是复杂性，指出其突破点在于涌现性。在《论系统思维（六）：重在把握系统的整体涌现性》（2006）中阐述了具有涌现性的事物才是系统；涌现来自系统组分之间、系统与环境之间的相互作用；涌现是信息的创生与消除。而系统思维就是按照涌现认识事物的方式。在《论涌现》（2008）中确定将"emergence"译为涌现，阐述了三种涌现种类即线性系统的涌现与非线性系统的涌现、自组织的涌现与他组织的涌现、突发性涌现和非突发性（渐成式）涌现，以及涌现与层级、涌现与环境的关系。此外，在《系统科学精要》（2016）一书中概述了涌现、系统的整体涌现性、涌现的产生机制以及实验研究。

齐磊磊、张华夏在《论突现的不可预测性和认知能力的界限——从复杂性科学的观点看》（2007）中指出，由于人们获得的信息在客观上具有不确定性、在层次上具有不完备性以及人类认识能力和计算能力的局限性，涌现表现出了不可预测性，并指出涌现产生于可预测与不可预测的边缘。他们在《论系统突现的概念——响应乌杰教授对自组织涌现律的研究》（2009）中分析了亚里士多德等人对整体的描述，指出邦格（M. Bunge）与贝斯（N. A. Bass）在自组织、观察机制及层级思想的基础上提出了涌现的概念及其表达式。

谢爱华在《突现论：科学与哲学的新挑战》（2003）中阐述了经典涌现论的历史、一般哲学问题、科学哲学问题。他在《"突现论"中的哲学问题》（2000）中从介绍复杂性入手，将涌现论和科学发展结合起来，以库恩"范式"为基底，论述了涌现论的前世、现世、来生，认为涌现就是生成，并建立了涌现的定性模型；从本体论、认识论、方法论的角度给出哲学说明，并阐释了它对哲学的影响，以及和后现代主义的关系。

特征、分类的分析。吴彤在《科学哲学视野中的客观复杂性》（2001）中将科学哲学视野中的客观复杂性分为"结构复杂性、边界复杂性和运动复杂性"①，探讨了客观复杂性具有不稳定性、多连通性、非集中控制性、不可分解性、涌现性等性质，论述了涌现既涉及整体又涉及子系统，其复杂性在于子系统之间的相互作用。温勇增在《系统的内在奥秘——从"涌现"到"涌生事物"的探索发现》（2013）中阐述了涌现是系统科学的核心概念，是系统的外象机能。由于系统及涌现自身具有内在复杂性，可以通过探究涌现事物和涌生事物，揭示涌现系统的内在奥秘。杨桂通在《涌现的哲学——再学系统哲学第一规律：自组织涌现律》（2016）中论述了乌杰的自组织涌现律以及涌现的含义，讨论了涌现的普适理论框架及其预测等问题。

范冬萍在一系列论文中阐释了涌现论。她在《复杂性科学哲学视野中的突现性》（2010）中论述了涌现的整体性与共时决定性、新颖性与不可预测性、不可还原性与宏观解释的自主性等特点。她在《当代整体论的一个新范式：复杂系统突现论——复杂性科学哲学对整体论的发展》（2013）中主要从复杂系统涌现机理、对涌现性与依随性的反思、对系统整体所具有的下向因果关系三方面论述了复杂性科学哲学对整体论的发展。她的《突现论的类型及其理论诉求——复杂性科学与哲学的视野》（2005）在经典涌现论、复杂性科学的视野下，依照不同学科背景和对涌现特征的分析，阐述了三种涌现论即系统层级涌现论、系统进化涌现论、复杂系统涌现论的特征，以及和经典涌现论的关系。同时，范冬萍、张华夏的《突现理论：历史与前沿——复杂性科学与哲学的考察》（2005）在经典涌现论的基础上论述了复杂系统涌现论，提出三种新哲学涌现论——依随涌现论、因果涌现论和融合涌现论。

而刘益宇在《涌现的本体论建构——当代怀特海主义者的研究径路及其贡献》（2012）中从过程思想出发探究涌现论，怀特海主义者如克莱顿（P. Clayton）重新解读了涌现概念，探讨了涌现论的过程涌现的特征即涌现一元论、层级系统、下向因果性；进一步把刘易斯之后的现代涌现论分

---

① 吴彤：《科学哲学视野中的客观复杂性》，《系统辩证学学报》2001 年第 4 期。

为依随涌现论、因果涌现论、融合涌现论。吴畏的《突现论的三种理论类型》（2013）阐述了涌现论的三种基本理论类型——自然科学涌现论、哲学涌现论和复杂性科学涌现论；认为自然科学涌现论主张物理主义本体论和方法论整体主义，哲学涌现论明确了性质涌现、附生、下向因果等基本概念，复杂性科学涌现论则主要关注涌现系统描述的方法论问题。三种类型的涌现论在理论上相互依存、协同进化。贺善侃在《复杂性科学视野下的思维具体原则》（2010）中从系统整体涌现的这一复杂性科学角度研究思维，论述了整体涌现的不可还原性、突发性、非加和性、功能整体性等特点；将整体涌现分为两类——突发的整体涌现和渐变的整体涌现，认为突现是涌现的特例。

（2）社会科学对涌现论的分析

社会科学中的涌现论集中在个体主义和整体主义。郑作彧的《齐美尔社会学理论中的突现论意涵》（2019）阐释了齐美尔（G. Simmel）的"形式"与"相互作用"这两个概念的内涵与关联，认为齐美尔的社会涌现论是认识论的涌现论，"将人与社会都视作是一种突现出来的形式"①。张珍的《社会科学哲学的突现整体主义——索耶的社会突现理论探析》（2016）阐述了方法论个体主义和方法论整体主义之争，阐释了索耶（R. K. Sawyer）的社会涌现论，用涌现来解释整体主义理论，强调了社会涌现的不可还原性、下向因果、非模拟不可预测、层次性等特征。邝茵茵、范冬萍的《非还原个体主义的论证困境——为不可还原性与下向因果关系的辩护》（2014）阐述了索耶的非还原个体主义，并利用福多（J. A. Fodor）的多重实现和狂野析取论证为不可还原性和下向因果关系辩护；以动力学模型修正认识论的强涌现观点；并指出，对社会性质的下向因果论证必须分清三个层级和三种因果关系。林旺、曹志平的《社会突现论对社会因果的研究》（2020）阐述了社会涌现论是基于系统论与心灵哲学等学科而发展起来的关于社会本质与社会现象解释方法的整体主义理论；论述了其核心思想为社会和个体是不同的层级，社会由个体涌现而成，前者具有后者所不具有的特殊属性；阐述了社会事件作为整体涌现的结果，会对另一社会事

---

① 郑作彧：《齐美尔社会学理论中的突现论意涵》，《广东社会科学》2019 年第 6 期。

件或社会中的个体产生影响，既与个体密切相关又不能还原为个体的属性。殷杰、王亚男的《社会科学中复杂系统范式的适用性问题》（2016）考察复杂系统理论基础、实践规范和方法在社会科学研究中的适用性问题，对复杂系统的涌现特征以及因果关系进行分析，认为复杂系统是涌现和约束形成的反馈回路，即表现为双向因果关系；指出低层级是高层级产生的必要条件，并不是充分条件，加上偶然语境这个充分条件才能对系统的涌现行为进行说明。他们在《社会科学中语境论的适用性考察》（2020）中阐述了语境涌现一方面塑造了社会事实具有而组分不具有的共时关系，另一方面刻画了社会事实的历时关系，因为"对社会事实的共时性和历时性属性突现过程的考察，是将语境在方法论层面上的作用机制具体化、自然化的一个有效途径"①。

2. 认知涌现论的层级分析

层级是涌现论的基础，也是涌现论的主要特性，这方面的资料比较少。学者主要从层级和还原论、系统论，以及微观和宏观的双向关系进行阐释。李建会的《还原论、突现论与世界的统一性》（1995）一文考察还原论（奥本海默和普特南提出的还原论原则）和经典涌现论概念，涌现论认为高层级事物的性质和规律不能用低层级事物的性质和规律来解释，也不能从低层级的规律进行预测，具有自主性。而还原论与此相反。曾向阳在《邦格精神理论的逻辑解析》（1990）一文中试图在当代心身问题研究的背景下，基于系统的世界观和宇宙演化的层级性考察邦格的精神理论涌现论。

金福、陈伟的《遗传算法之父——霍兰及其科学工作》（2007）阐述了霍兰提出的复杂适应系统（complex adaptive systems，CAS）理论；认为CAS理论是涌现性理论，论述了涌现的概念、核心内容和其意义；认为CAS理论重视层级之间的关系，整合了宏观与微观的联系，涌现是在微观主体进化的基础上，宏观系统在性能和结构上的突变。金士尧、任传俊、黄红兵在《复杂系统涌现与基于整体论的多智能体分析》（2010）一文中从复杂系统整体性和涌现的基本概念和联系出发，采用微观宏观的双向研

---

① 王亚男、殷杰：《社会科学中语境论的适用性考察》，《天津社会科学》2020年第5期。

究方法，提出了基于整体论的多智能体分析总体框架。金士尧、黄红兵、任传俊在《基于复杂性科学基本概念的 MAS 涌现性量化研究》（2009）中阐述了涌现的概念，介绍了弗洛姆（J. Fromm）对涌现的分类，斯蒂芬（A. Stephan）提出的三种涌现学说，以及度量与判断涌现性的方法；从复杂性科学角度，阐述了多主体系统（multi-agent system，MAS）关注宏观层面的涌现性问题、系统涌现的宏观与微观层面的联系机制，并提出了多 A-gent 系统涌现的方案。

乌杰在《关于自组（织）涌现哲学》（2012）中主要介绍和分析了自组织原理和涌现原理；认为涌现是系统自组织演化的结果，是系统演化的基础，从环境与系统的相互作用和层级关系两方面定义了涌现的概念。张华夏在《复杂系统研究与本体论的复兴》（2003）中讲述复杂系统的两个最基本的特征即涌现和层级，认为复杂性研究还为过程哲学、过程机制、突创进化论哲学、价值论研究提供了支撑。

3. 认知涌现论解释机制分析

在复杂性科学中，不同学者从不同方面对涌现机制进行刻画。

（1）涌现论生成条件分析

屈强、何新华、刘中眶的《系统涌现的要素和动力学机制》（2017）总结出系统产生涌现的四大要素——自治性个体、相同行为规则、环境熵输入、系统与个体的反馈，指出反馈是"涌现动力学机制的核心，并提出一套围绕反馈的系统动力学机制分析方法"[1]。黄欣荣的《涌现生成方法：复杂组织的生成条件分析》（2011）以霍兰的涌现生成理论为依据，从生成主体、非线性相互作用、自组织、受限生成、环境策略等五个方面阐述了复杂组织的涌现理论生成条件。

（2）涌现论机制分析

学者讨论的主要是动力学机制、斑图、三层次嵌套模型、复杂适应系统等。颜泽贤的《突现问题研究的一种新进路——从动力学机制看》（2005）从自组织的动态过程出发，分析了涌现的宏观特征以及复杂系统

---

[1] 屈强、何新华、刘中眶：《系统涌现的要素和动力学机制》，《系统科学学报》2017 年第 3 期。

涌现的动力学机制。罗吉贵在《复杂系统中涌现形成机理的讨论》（2007）中认为复杂系统产生的涌现现象是由混沌边缘实现的。他将涌现和斑图结合起来，认为复杂系统的根本特征是斑图的涌现，这种由无序到有序的过程是由混沌边缘来完成的；并认为涌现表现为斑图形成的现象，介绍了从滞后同步到斑图——一维开流模型中的涌现现象。周理乾的《论系统科学的一个统一理论范式——谈迪肯的涌现动力学理论对系统科学的意义》（2017）阐述了迪肯（T. Deacon）基于涌现动力学机制提出的三层次（平衡动力学、形态动力学、目的动力学）嵌套模型，并将其作为系统科学和传统科学的统一理论范式。周理乾在《不完全自然的生成——论迪肯的"缺失主义"与突现动力学》（2016）中阐述了迪肯的三个层级的涌现动力学理论，提出迪肯发现用"约束、顺行变化和逆行变化可以统一地描述三个层次的动力学的机制"[1]，将高层级的整体属性对低层级产生的作用作为约束，而不是下向因果关系，认为涌现动力学理论同样也关注生命和心灵的起源机制。

李劲、肖人彬在《涌现计算综述》（2015）中介绍了涌现现象的基本概念和性质，以及自然系统、社会系统、人工系统的涌现现象，涌现计算和涌现现象之间的关系，涌现计算的基本原理和特点；认为涌现计算是从非线性系统的涌现现象中获得计算结果；并探讨了重要的涌现计算模型——元胞自动机，阐明了涌现计算与群集智能的关系；然后探讨了涌现计算中待求解问题的涌现计算模型映射、自组织现象和同步现象等涌现计算中的若干关键问题；还介绍了涌现计算的应用。陈伟、金福的《霍兰的涌现性思想评析》（2008）论述了霍兰的科学思想渊源、遗传算法、复杂自适应理论（CAS 理论），以及用隐喻解释涌现规律等，简述了霍兰科学思想的方法论启示。万君晓、范冬萍在《系统生物学机械论解释之内涵及其完善进路》（2016）中提供了生物学的一种新解释模式——机械论解释；论述了系统生物学的机械论解释与传统的机械论解释不相同，将自下而上——从部分的行为建构动力学模型和自上而下——通过控制论建模研究

---

① 周理乾：《不完全自然的生成——论迪肯的"缺失主义"与突现动力学》，《科学技术哲学研究》2016 年第 1 期。

整体功能行为结合起来，并提出用复杂适应系统的涌现机制完善系统生物学的解释进路。

何建南在《哈肯大脑协同学及其认知意义》（2006）中阐释了哈肯（H. Haken）从非线性科学角度出发建立的"大脑协同学"，将分析思维和整体思维结合起来对大脑进行数学模拟；阐释了大脑是具有涌现性的复杂自组织巨系统，暗示了复杂性研究方法与认知科学相结合的趋势。

4. 认知涌现论的不可还原性分析

（1）还原论的分析

郧煜的《认识发生的多维综合"涌现"的复杂性特征——对胡塞尔现象学还原理论的单维度、简单性特征的批判》（2014）认为人的认识是多维度的、复杂性的涌现，由此对胡塞尔的现象学还原论进行批判。谢爱华的《作为"范式"的突现模型》（2009）一文基于库恩本人对"范式"的理解，对范式的基本概念、基本规律、基本信念与纲领、范例进行分析，建立不同于传统科学的价值观涌现论模型。

（2）复杂性科学中的不可还原性的分析

陈一壮在《论贝塔朗菲的"一般系统论"与圣菲研究所的"复杂适应系统理论"的区别》（2007）中阐述了一般系统论与圣菲研究所对系统的"涌现性"的观点。一般系统论以贝塔朗菲（也译作贝塔兰菲）为代表，从整体和部分的关系出发，实行自上而下集中式的中心化控制，侧重简单系统，反对还原论；圣菲研究所则研究复杂性系统，研究内容为组分，实行自下而上分散式协调的无中心的群体，将有序与无序结合起来，对还原论持包容的态度。

（3）非还原唯物主义的分析

郦全民在《分析突现的两个维度》（2010）中对涌现的概念进行语义分析和界定，从主题维度和时间维度对涌现进行分类，从本体论和认识上对涌现内涵进行刻画。他在《用计算的观点看世界》（2016）一书中，介绍了复杂性涌现和虚拟世界的涌现。甘文华在《唯物主义中的突现论题》（2014）中论述了涌现论在本体论和认识论中坚持唯物主义的立场以及其基本思想，从主题维度和时间维度把握涌现论的含义——"在主题维度上，分为强突现论和弱突现论，在时间维度上，分为历时突现论和共时突现论"①，以及论述了不同维度涌现论的应用范围，这对科学和哲学的发展有着重大的影响。蒙锡岗的《突现论心身观与发展马克思主义意识论》（2010）介绍了涌现论的发展过程，以及邦格的涌现唯物主义及其对马克思主义意识论的意义。曾向阳在《突现思想及其哲学价值》（1996）中阐述了涌现思想的起源、含义与现代发展，以及其哲学意义；认为涌现思想不仅与非还原的唯物主义联系在一起，而且与心理物理二元论和一元论的精神论联系在一起，对涌现的认识论和本体论有重要的意义。邦格著、张尧官摘译的《精神与突现》（1982）从一般系统论的观点论述了各种心身问题；讨论了涌现和层级的概念，认为涌现是系统而不是其组成部分所具有的特性，提出用涌现论的唯物论来解决心身问题。

高新民的《心灵与身体——心灵哲学中的新二元论探微》（2012）一书在二元论的起源与演变的基础上，对各种新二元论的路径如神秘主义路径、感受质路径、意向性路径和涌现论的二元论路径等的主要内容、论证方式、特点作了较全面和较深入的探讨，对唯物主义的责难以及新二元论者所作的辩护及争鸣作了力所能及的评析；涌现论路径从涌现论发展、斯佩里（R. Sperry）的涌现论、尼达－鲁美林（M. Nida－Rùmelin）的实体二元论、塔特（C. Tart）的经验二元论，以及其与二元论、还原论、随附性的关系等方面进行论述。

5. 认知涌现论的因果关系分析

（1）哲学和复杂性科学的因果问题

范冬萍对复杂性科学中涌现论的讨论，大多与哲学结合在一起来解释涌现论与层级性、整体性、不可还原性、因果关系的关系。她在《复杂系统的突现与层次》（2006）中论述了霍兰的复杂受限生成系统、复杂性系统涌现的特征，分析了涌现的因果关系。她在《复杂系统的因果观和方法论——一种复杂整体论》（2008）中概述了基于多层级解释的方法——方法论上的复杂整体论，该理论主要特点为高层级受制于低层级的规律，不同低层级的实体和规律有自己的特殊性，另外，高层级对低层级产生下向因果关系。她在《复杂性突现理论对整体论的新发展》

---

① 甘文华：《唯物主义中的突现论题》，《中共南京市委党校学报》2014 年第 6 期。

（2015）中认为复杂性涌现理论是对英国涌现论和以贝塔朗菲机体论为代表的整体论的新发展：一是复杂性实现机制为整体或整体性质的产生提供了科学证据，二是为下向因果关系提供本体论辩护，三是计算机模拟消解了涌现的神秘性，为整体论提供了一种弱解释进路。《论突现性质的下向因果关系——回应 Jaegwon Kim 对下向因果关系的反驳》（2005）阐释了涌现的下向因果关系，针对金在权对下向因果关系的消解，基于环境、宏观与微观的三种层级的因果关系的分析，提出了下向因果关系的解释模型。《突现与下向因果关系的多层级控制》（2012）介绍了迪肯的自稳定系统涌现及其下向因果关系、自组织涌现和放大循环下向因果关系、自我复制和生命信息选择因果关系，在此基础上，提出了涌现的多层级控制与下向因果关系。

张珍、范冬萍的《从复杂系统科学的发展看突现与还原之争》（2008）阐述了涌现的不可还原性，反对金在权的还原论为下向因果关系辩护的观点，指出复杂系统的层级之间是上向因果和下向因果双向作用。万君晓、范冬萍在《系统生物学研究中跨层级解释进路探析》（2020）中认为系统生物学的跨层级解释是自下而上和自上而下两种方法的综合，即上向因果作用和下向因果作用结合起来研究，并进行案例分析。

张华夏在《突现与因果》（2011）中将下向因果关系看作涌现的重要性质，对现代哲学的因果理论中的条件因果和作用因果两个学派进行探索，将 INUS 条件因概念与当代因果力和因果过程概念联系起来，为描述下向因果提供了一个现代因果理论的框架。

（2）心灵哲学中的因果关系问题

贺撒文的《突现论及其在当代西方心灵哲学中的新进展》（2015）阐述了涌现论的概念历史发展、新内涵及特征，以及在心灵哲学中涌现论复兴的内在原因和理论问题。吴胜锋的《当代西方心灵哲学中的突现论及其自然科学基础问题研究》（2014）阐述了涌现论是一种古老的理论，伴随着心灵哲学的发展，在哲学中复兴。他指出，当代涌现论的一般特征、内涵及理论形式发生了重要改变，当代涌现论得到科学家的支持和辩护，例如，斯佩里、斯塔普（H. P. Stapp）等，还根据自己的科学研究成果提出其涌现论的理论学说；进一步阐释了涌现论与自然科学结合的原因：一是涌现论者的反还原主义的倾向，二是涌现论者的反"统一的科学"的内在动机。

高新民、严莉莉的《新二元论的突现论路径》（2012）指出，尼达－鲁梅林等人在根据随附性理论对涌现概念做出新阐释的基础上，承诺存在物质性身体和作为个体的经验主体两类实体，强调它们不能相互归并；而查默斯（D. J. Chalmers）等人对涌现论做出区分，强调弱涌现论一致于物理主义，而强涌现论则会导致二元论。张卫国的《心理因果性与心灵理论的嬗变》（2010）阐述了心理因果性理论是心灵理论嬗变的内在诱因，心灵理论从二元论到物理主义再到自然主义，这种变化的根源是心理因果性理论从常识性因果性到法则学因果性再到涌现性因果性的变化。郁锋在《金在权心理因果观的形上之辩》（2018）中主要围绕当代心灵哲学中心理因果性问题的还原主义和非还原主义之争，阐述了以金在权为代表的还原主义者从因果解释、层级世界模型、物理实在论的角度回应非还原主义者的质疑；作者认为，金在权对心理因果性的论述反映出他不断弱化了物理主义承诺和还原论纲领，反映了当代还原论的心灵哲学面临的挑战。陈晓平的《因果关系与心－身问题——兼论功能主义的困境与出路》（2007）围绕心身问题，论述了心灵哲学非还原的和还原的物理主义无法解释意识现象，进一步提出还原—涌现的方法二元论。邢如萍的《下向因果性与附生性——论金宰权对突现论的反对》（2007）为涌现论辩护，介绍还原论的附生性和涌现论的下向因果性；指出金宰权在其还原论主张中用来消解下向因果性的论证存在的问题，而涌现论可以解决这些问题。朱霖在《现代心身问题的困境——论"整体突现论"的无效》（2011）中介绍了整体涌现论的心身问题，既肯定心身是两种不同性质的存在，又对二者的关系作一元论的辩护，认为这种方法是行不通的；提出解决心身问题可能的出路是将涌现论和斯宾诺莎的"身心两面论"结合起来。

6. 认知涌现论在认知科学中的论题

（1）离身认知科学的分析

郭垒的《自主论、还原论和计算主义》（2004）阐述了两种关于生命科学与物理科学之间关系的解释方式——自主论和还原论，认为两种观点对"涌现"的看法是对立的，从对进化现象的解释入手研究"涌现"，认为对进化过程进行计算描述的还原论解释面临复杂性的困境。刘明海、朱烜伯、马懿莉在《人工智能"瓶颈"的突现论"突破"》（2013）中论述了人工智能的瓶颈主要来自塞尔的"中文屋论证"——计算机只能进行句法加工而不是语义加工；指出塞尔的论证有两个缺陷构成悖谬和碳基沙文主义；认为意向性或语义是整体涌现生成的，计算机加工的是高级涌现的语义符号，其具有认知属性，而人工智能的发展要求重视符号表征主义和计算主义理论。刘明海在《第二代认知科学悖论的形质说"破解"》（2014）中阐述了第二代认知科学在反对第一代认知科学的过程中陷入了悖论，悖论源于扩大了心灵界限，却又没有重新概括心灵的本质；提出用心灵形质说进行破解，即把心灵作为一种神经、身体和世界交互作用的结构性形式，虽然解释了传统心灵哲学的难题，不免又陷入涌现论困境。

（2）具身认知科学的分析

李恒威的《生成认知：基本观念和主题》（2009）论述了生成认知研究具身心智的统一的两重性，身体既是生物物理结构，又是个体的经验结构，具身心智是生物学和现象学的统一；生成认知是具身的、共涌现的，也是自我—他者的共同决定，是脑—身体—环境互惠作用的动力自组织的涌现结果。张茗的《生成认知——系统哲学分析与神经科学证据》（2015）认为符号主义和联结主义都是基于隐喻对符号进行加工和计算，而认知生成强调认知、身体与情境的整体不可分性；并指出认知是系统自组织涌现的结果，是系统层层涌现的生成过程，而认知神经科学的脑的认知功能代偿、镜像神经系统等新发现为生成认知提供了科学证据。王建辉的《打破实在论与观念论的二分——认知生成主义及其多样化趋势探究》（2019）指出，瓦雷拉（F. J. Varela）的认知生成主义打破了实在论与观念论的二元区分，接受主体与世界之间的相互规定关系；提出了具身的"生成"概念，认为生成主义是呈多样化发展的。

（3）意识涌现论的分析

崔中良在《身体、行为与意识——评〈抓握与理解：手与人性的涌现〉》（2018）中对麦金的《抓握与理解：手与人性的涌现》一书进行概述，指出麦金将进化论与最新科学成果结合起来，将人类进化特别是手的进化与人类意识的产生联系起来，由于自然选择的原因，人类的手在人性的涌现中扮演着重要角色。西格尔（W. Seager）著、陈巍译的《意识的哲学理论史》（2013）一文指出了意识是哲学内部一个复杂而有争议的议题，以心身问题的形式出现；意识的核心问题是主观性的性质和起源，而意识理论都是在涌现论与泛心论的斗争中发展起来的，仍然没有摆脱这种困境。尚凤森在《意识神经生物学的哲学研究》（2018）中对现象意识进行分析，将涌现解释和机械解释作为还原论解释的两种解释，并对现象意识的涌现属性进行了论证及反驳。作者认为涌现解释和机械解释二者的区别在于涌现解释整体属性不能还原为其构件，而机械解释认为整体的行为特征完全可以通过其构件的本质和特征而决定。殷杰、尚凤森在《意识的本质、还原与意义——科赫意识思想简论》（2018）中阐述了科赫（C. Koch）的意识属性二元论，以及科赫在神经机制中提纯出意识的最小神经相关物。在科赫看来，"意识是物质的一种根本属性，不可还原为物质组分，也不是系统的涌现属性，他从物理假说和演化假说的框架内发展了意识的功能，即意识是生命体的存在方式"[1]。李恒威、王小潞、唐孝威的《如何处理意识研究中的"难问题"？》（2007）分析了查默斯提出的意识"难问题"的产生原因，指出一方面是因为神经生物学的科学发展不充分，另一方面还因为对系统涌现、系统特性、经验的存在论的不可还原性等概念和范畴的理解差异；从自然化角度研究意识的"难问题"，认为"意识不是神秘的，而是一个演化的神经生物学现象"[2]。汉弗莱斯（P. Humphreys）著、王东译的《情景突现论——心灵与基础物理学的关系》（2011）就心灵和物理之间的关系而言，认为查默斯的二元论的论证是有缺陷的，随附关系的涌现论也是徒劳的，认为情景涌现论是可能的，下向因果关系可能产生于整体对部分的作用，也可能产生于高层级实体对更低层级实体的作用。李恒威在《意识经验的感受性和涌现》（2006）一文中解决查默斯的"难问题"，认为意识经验不能还原为物理描述，后者只是

---

[1]　殷杰、尚凤森：《意识的本质、还原与意义——科赫意识思想简论》，《社会科学辑刊》2018 年第 3 期。

[2]　李恒威、王小潞、唐孝威：《如何处理意识研究中的"难问题"？》，《自然辩证法通讯》2007 年第 1 期。

个必要条件；区分了存在事物和事物的现象表现，认为意识经验或者意识现象是大脑、身体和环境相互作用的整体的具体现象表现，并对生理事件产生因果效果，即下向因果关系。游均、周昌乐在《机器如何处理意识难问题》（2020）中将觉知结构作为解决物理层级和意识层级之间鸿沟的可行方案，即"神经机制（构造）觉知结构（生成）意识内容"①，适合人类和机器；认为机器意识"通过构造意识的内部影像模型（相分）与对认识对象的一阶觉知能力（见分）以及对这种觉知能力进行体认（自证分）与自我体认（证自证分）的能力，相分、见分、自证分与证自证分共同构成了一个完整的觉知结构"②。这为解决意识难问题提供了实证。

（4）意识涌现机制的分析

唐孝威在《意识定律》（2017）中基于意识的经验事实，提出意识三定律，其中意识第二定律就是意识涌现定律；认为"意识涌现过程不是孤立的单个脑区的活动，而是脑内四个功能系统及它们内部多个脑区相互作用下发生的集体活动"③；并认为意识涌现有一个临界值也就是意识阈值，大脑皮层激活达到这个阈值，意识才会启动和发生。特伦斯·迪肯、詹姆斯·海格（J. W. Haag）、杰伊·奥格威（J. Ogilvy）著，王萍、王健译的《自我的涌现》（2018）阐释了自我是与生命相关联的，"自我根本上是由其目的论属性所定义的；自我是与生命相关联的，具有复杂大脑的生物所经验到的自我，在许多方面是由有机体存在的自我所涌现的"④。董云峰、任晓明在《复杂系统突现研究的新趋势》（2015）中阐述了复杂性科学解释涌现的变异—选择原则，以及人工生命是自组织繁衍和涌现的科学，并用人工生命解释了涌现的变异—稳定原则，而汇聚技术弱化了自组织作为设计规则的作用，并为复杂系统的涌现研究提供了新的视角。

---

① 游均、周昌乐：《机器如何处理意识难问题》，《自然辩证法研究》2020 年第 4 期。
② 游均、周昌乐：《机器如何处理意识难问题》，《自然辩证法研究》2020 年第 4 期。
③ 唐孝威：《意识定律》，《应用心理学》2017 年第 3 期。
④ 〔美〕特伦斯·迪肯、詹姆斯·海格、杰伊·奥格威：《自我的涌现》，王萍、王健译，《哲学分析》2018 年第 5 期。

（二）国外研究现状

国外主要将涌现论和还原论、因果关系、随附性、层级、语境、计算机模拟等结合起来讨论，在心灵哲学、科学哲学、人工生命、生物学领域讨论的比较多，将涌现论和认知科学结合起来研究则相对较少。国外研究现状可以从以下资料反映出来，本书对收集的文献进行综合和分类，主要内容如下。

1. 认知涌现论的渊源、特征、分类

大多数国外学者在经典涌现论的基础上，提出和发表了自己的观点和见解。康宁（P. A. Corning）在《"涌现"的再涌现：寻找理论的古老概念》（"The Re-Emergence of 'Emergence'：A Venerable Concept in Search of a Theory"）（2002）一文中，以进化论为背景，阐述了涌现论的发展脉络，认为进化是多层级的过程，涌现从本质上来说是部分之间、部分和环境的相互作用的整体协同效应，认为心智也是涌现现象。奥康纳（T. O'Connor）、黄宏宇（Hong Yu Wong）在《涌现性》（"Emergent Properties"）（2015）一文中阐述了复杂性系统、心理因果关系、意向性与物理主义的调和等与涌现相关的议题，主要论述了穆勒、布罗德、亚历山大等英国涌现论者的观点，还论述了认识论的涌现，本体论的涌现如标准本体论，其他本体论涌现如作为非随附性、因果关系的涌现；还介绍了涌现物质。麦克莱兰德（J. L. McClelland）在《认知科学中的涌现》（"Emergence in Cognitive Science"）（2010）中将涌现性定义为在系统的任何部分中都找不到的整个系统的特性，认为认知科学、认知发展和认知神经科学中的各种结构，都是更基本过程的涌现结果；认知科学中的许多概念都可以被理解为涌现，例如表征概念、架构概念、发育过程和结果。符号是亚符号过程的涌现结果的近似表征，符号主义、联结主义也是涌现的结果。人类的认知也是涌现的，但是要进一步了解它是如何产生的，并在人工系统中模仿它们，这也面临着挑战。

（1）涌现论分类

斯蒂芬在《"涌现"在心灵哲学和认知科学中的双重作用》（"The Dual Role of 'Emergence' in the Philosophy of Mind and in Cognitive Science"）

（2006）一文中，论述自 20 世纪 90 年代初以来，涌现概念在认知科学和心智哲学中受到关注。斯蒂芬将涌现论分为共时涌现论（也称强涌现）、历时（结构）涌现论和弱涌现论，认为共时涌现论强调不可还原性，历时（结构）涌现论侧重新颖性和不可预测性，弱涌现论则坚持物理一元论、系统论和共时决定性。他认为在心智哲学和认知科学中共时涌现论的应用较多，历时（结构）涌现论在认知科学和人工生命研究领域更受重视。

西格尔在《自然的虚构：科学、涌现和意识》（*Natural Fabrications：Science，Emergence and Consciousness*）（2012）一书中，将涌现划分为保守涌现和激进涌现，认为物理世界中科学事实是涌现的，但是保守涌现的，保守涌现有时被称为良性涌现或弱涌现或认识论涌现，例如混沌理论和量子理论，主要特征为：所有涌现遵循基础物理的性质和状态，具有随附性。这种随附性会产生意识悖论。西格尔主张用泛心论来修正意识悖论。

贝蒂（M. A. Bedau）在《弱涌现仅仅存在心智中吗?》（"Is Weak Emergence just in the Mind?"）（2008）中为不可压缩的弱涌现辩护，认为弱涌现是指系统的宏观属性，可以用其微观属性来解释。贝蒂认为弱涌现在心智中存在，是复杂的宏观模式，而自然界中存在客观微观因果结构，与心智不同。动力因果关系不仅存在于计算机系统中，在自然界中的大量复杂系统中也存在。

温斯伯格（E. Winsberg）在《科学中的计算模拟》（"Computer Simulations in Science"）（2019）中讲述了计算机模拟的概念，指出主要有基于方程的模拟和基于主体的模拟两种模拟，用来预测、理解和探索问题；进一步探讨了涌现的计算机模拟，指出贝蒂认为机制产生涌现，弱涌现是在规则上实现整体对部分的还原。另外，他还指出了弱涌现解释了计算机模拟对复杂系统的重要性。

斯科尔茨（J. Scholz）在《认知科学中的涌现：克拉克对涌现论者的四个建议》（"Emergence in Cognitive Science：Clark's Four Proposals to the Emergentists"）（2004）一文中认为，在认知科学中人们对涌现概念没有达成共识，普遍承认不可预测性或者不可还原性是涌现的基本意义。他从弱涌现概念出发，基于经验立场阐释了克拉克（A. Clark）提出的四种涌现：作为集体自组织的涌现、作为非程序化的涌现、作为不可压缩展开的涌现和作为交互作用的涌现。实际上克拉克对涌现的认识是从复杂系统的角度提出来的，他强调作为集体自组织的涌现和作为非程序化功能的涌现在解释复杂动力系统时有着重要的作用。斯科尔茨指出哲学家和科学家对涌现的认识和讨论是不一样的。

（2）还原论的分析

沃姆斯利（J. Walmsley）在《动力学认知科学中的涌现与还原》（"Emergence and Reduction in Dynamical Cognitive Science"）（2010）中论证认知科学的动力学方法与心智涌现论之间的关系。他认为动力认知科学解释是"功能还原论"，覆盖律解释需要解释者和被解释者之间的演绎关系，而涌现的规范理论则不需要这种演绎关系。对此，他将涌现概念重新解释为规则之间的关系，称为"规则涌现"。哪种方法更好？没有定论。沃姆斯利认为动力认知科学的"非经典"模型在宏观状态下是"弱涌现"的。

巴特菲尔德（J. Butterfield）在《少是差异：调和涌现和还原》（"Less is Different：Emergence and Reduction Reconciled"）（2011）中指出关于涌现的两种流行哲学观点：一是认为涌现与还原是不相容的，二是认为涌现是随附性的。巴特菲尔德反对第一种观点，认为涌现是一种行为，而还原是推论，用数学模型来调和二者，通过取参数 N 的极限（$N \rightarrow \infty$）来推断一个新颖而稳健的行为，这种行为就是涌现。巴特菲尔德的《涌现，还原和随附性：一个不同的观点》（"Emergence, Reduction and Supervenience：A Varied Landscape"）（2011）一文的主张是，涌现在逻辑上独立于还原和随附性。还原是演绎过程，一个事物既可以是涌现的也可以是还原的，也可以无还原；或者，是涌现的而不是随附的，也可以既是涌现的也是随附的。巴特菲尔德积极捍卫传统的内格尔式（nagelian）的还原概念，否认多重可实现会给还原带来麻烦，用贝思定理对随附进行推导，列举了一些无涌现的随附的事物。

西尔伯斯坦（M. Silberstein）在《涌现和心身问题》（"Emergence & the Mind-Body Problem"）（1998）中阐述了物理主义和本质主义无法为意识问题提供解释，量子力学为涌现提供经验证据，量子涌现论能为意识和认知提供非还原解释的可能，避免了物理主义引起的排除主义和本质主义困境。

梅吉尔（J. Megill）在《为涌现辩护》（"A Defense of Emergence"）（2013）中为本体论的物理主义涌现论辩护，对金在权的因果排除论证进行新的解读，对副现象进行反驳。梅吉尔认为本体上的律则性的充分性并不能说明因果关系也是充分的，需要引入必要条件 M 作为产生 P* 的辅助因果关系，以确保其存在，并维护了本体论涌现的含义——本体上的律则性的基础条件、因果力、不可还原性。

（3）基于生命涌现的分析

巴亚努（I. C. Baianu）、布朗（R. Brown）、格拉泽布鲁克（J. F. Glaze-brook）在《复杂时空结构的范畴本体论：生命和人类意识的涌现》（"Categorical Ontology of Complex Spacetime Structures: The Emergence of Life and Human Consciousness"）（2007）中针对生物系统的涌现、超复杂动力学、进化和人类意识，提出了一种时空范畴本体论；主要阐释了人类意识的独特性，认为人类意识是一个超复杂的全局过程，而意识涌现是在复杂时空和功能单元中展开的，具有不对称的网络拓扑、连通性；并从层级理论和超复杂性观点出发，提出一些有关心智哲学理论的新观点和认知科学的语义模型。

韦伯（B. Weber）在《生命》（"Life"）（2011）一文中阐述了生命的定义，认为生命是特殊复杂系统的涌现。埃罗宁（M. Eronen）在《心灵哲学的涌现》（"Emergence in the Philosophy of Mind"）（2004）中介绍了经典涌现论，特别是布罗德的涌现观，阐述了斯蒂芬的弱涌现、历时涌现和共时涌现，认为心灵哲学中的涌现是共时涌现，具有不可还原性，进一步论证了感受质涌现论的观点。

迈因策尔（K. Mainzer）在《心智和大脑的涌现：一种进化的、计算的和哲学的方法》（"The Emergence of Mind and Brain: an Evolutionary, Computational, and Philosophical Approach"）（2007）中阐述了具身心智认为人类知识不是形式化的符号主义的表征，而是具体的，是在身体与不断变化的环境之间相互作用的过程中来学习和理解的。迈因策尔引入复杂系统来解释心智的产生机制，认为大脑是自组织的复杂系统，具身心智是大脑的涌现，并将认知科学、人工智能和机器人技术结合起来尝试在人工进化中对具身心智进行模拟。

2. 认知涌现论的复杂性科学分析

复杂性可以通过涌现性、非线性、自组织等性质来刻画。在某种程度上，复杂性就是涌现性，学者从不同方面刻画了涌现性。米纳蒂（G. Minati）、阿布拉姆（M. Abram）、佩萨（E. Pessa）在《系统的涌现过程和系统特性——迈向涌现的一般理论发展》（*Processes of Emergence of Systems and Systemic Properties：Towards a General Theory of Emergence*）（2008）一书中阐述了一般系统理论的发展。该书名是意大利系统学会（AIRS）第四次全国会议的题目。该书从理论、实验、应用、认识论和哲学角度讨论一般涌现理论、一般化理论、与系统论有关的逻辑哲学模型以及不同学科背景下的多样性问题。例如，建构主义认为，整体不是由部分构成的，而是观察者通过使用模型来识别部分解释整体的。涌现理论在建筑、人工智能、生物学、认知科学、计算机科学、经济学、教育、工程、医学、物理、心理学和社会科学等方面都有广泛的应用。

米库利基（D. C. Mikulecky）在《复杂性涌现：成熟的科学还是老化的科学？》（"The Emergence of Complexity：Science Coming of Age or Science Growing Old？"）（2001）中阐述了复杂性科学的本质——涌现以及经典物理学的局限性；认为形式化系统不能满足复杂性解释的要求，但是可以消除传统科学的限制。

塞拉（R. Serra）、扎纳里尼（G. Zanarini）在《复杂系统和认知过程》（*Complex Systems and Cognitive Processes*）（1990）一书中介绍了认知过程和复杂系统的关系。许多学者用复杂系统的方法如非线性动力学、混沌来分析认知产生过程。万内斯基（M. Vanneschi）和贝纳迪（F. Baiardi）就动力学网络和并行计算之间的关系进行讨论，阿雷基（T. Arecchi）和巴斯蒂（G. Basti）讨论了混沌在神经模型中的作用，福格尔曼（F. Fogelman）讨论了分层前馈网络，斯蒂尔斯（L. Steels）讨论了人工智能和遗传算法的非神经动力系统。

施密德（U. Schmid）在《认知系统的复杂性挑战》（"The Challenge of Complexity for Cognitive Systems"）（2011）中介绍了复杂认知：一是高级认知，以及高级认知和基本认知过程的相互作用；二是动态环境的认知过程及其特征。施密德认为人工智能系统和认知模型有助于复杂认知的研究，引入认知科学的分析方法、经验方法和工程方法来解决复杂认知，强调跨学科特别是认知心理学和认知人工智能结合研究的重要性。

金斯纳（W. Kinsner）在《认知和其他复杂系统的复杂性及其度量》（"Complexity and Its Measures in Cognitive and other Complex Systems"）（2008）中主要阐述了动力学系统概念，如对称性破坏和临界性、耗散、开放性、热动力平衡、自组织、涌现等。他认为涌现现象是在没有任何中央权力的情况下，组分和环境之间相互作用而产生的，并讨论了复杂性以及复杂性的测量。

里夫（R. Leve）在《认知、复杂性和飞行规则：认知还原程序和复杂系统》（"Cognition，Complexity，and Principles of Flight：Cognitive Reductive Procedures and Complex Systems"）（2006）中对飞行进行事后分析，阐述了在互相作用的复杂环境中如何解决复杂问题。他提出复杂的多重交互作用可以通过创建高阶概念来还原，即将成分还原为一个变量，一个高阶概念包含了从属变量的影响。

法韦拉（L. H. Favela）在《作为复杂性科学的认知科学》（"Cognitive Science as Complexity Science"）（2020）中阐释了作为复杂性科学的认知科学，其特点是具有涌现性、非线性、自组织性和普遍性，以及复杂性科学的涌现、非线性、自组织在认知科学的联结主义、具身认知等范式中都有应用。

3. 认知涌现论解释机制的分析

埃美切（C. Emmeche）、科佩（S. Køppe）和斯泰恩费尔特（F. Stjern-felt）在《解释涌现：朝向层级的本体论》（"Explaining Emergence：Towards an Ontology of Levels"）（1997）中从科学史的角度论述了涌现的概念，论述了涌现是层级进化的重要部分，认为层级关系是包含关系。他们认为宇宙是按照物理的、生物的、心理的和社会的四个层级进化，主张层级的唯物主义的本体论，并对涌现进行了概述，认为：

> 涌现是一个重要的科学现象，必须引起科学的高度重视。涌现并不排除解释，在某些情况下甚至不是决定性的，而涌现也不是一个不确定性的过程。

层级涌现只能在全局/局部的视角下进行分析。

单一过程的涌现并不构成层级，而只是实体；初级层级的涌现是实体结构与后续层次结构的结合，通过实体间关系的产生。

虽然可能无法就客观本体论层级的存在及其规范得出最终结论，但我们采用了一个有用的"工作假设"，由物理化学、生物、心理和社会学四个主要层级构成本体论。

涌现现象可以用形式的框架来描述，并在计算机上模拟出来。在某种程度上，这将很好地解释物质世界中的涌现过程，但目前还不能确定。然而，我们希望涌现的各个方面可以用精确的数学方法来解释。①

（1）转化理论的分析

加纳利（J. Ganeri）认为涌现就是转化，在《涌现论、古代和现代》（"Emergentisms, Ancient and Modern"）（2011）中阐述了涌现论的两个必要条件，一是精神对物理基础的随附，二是精神对物理基础产生因果作用，提出了一种新的涌现解释方法——转化理论。

吴（R. Wu）在《转化涌现、生成共涌现和因果排斥问题》（"Transformation Emergence, Enactive Co-Emergence, and the Causal Exclusion Problem"）（2017）中指出，Jonardon Ganeri 区分了转化涌现和生成涌现，认为转化涌现是强涌现，生成涌现是弱涌现，心智涌现是转化涌现，转化涌现很好地解释了金在权的因果闭合原则。吴认为二者都是形式因果关系，生成涌现也符合强涌现的解释原则——随附性和因果自主性，也是强涌现，涌现过程具有全局到微观决定性作用，"考虑到形式因果关系的概念，这两种解释都回应了 Kim 的担忧——否认在缺乏涌现属性的情况下，物理性质对获得后来的物理事件是充分的，涌现属性不是副现象的，而是有助于揭示它们的涌现基础"②。

---

① C. Emmeche, S. Køppe, F. Stjernfelt, "Explaining Emergence: Towards an Ontology of Levels," *Journal for General Philosophy of Science* 28（1）（1997）：117.

② Richard Wu, "Transformation Emergence, Enactive Co-Emergence, and The Causal Exclusion Problem," *Philosophical Studies* 174（7）（2017）：1748.

（2）语境涌现的分析

语境涌现是从条件关系来解释涌现产生机制的。阿特曼斯帕彻（H. Atmanspacher）提出语境涌现的概念，语境涌现简言之，是指部分是涌现产生的必要条件，但不是充分条件，必须加入偶然语境这个充分条件来解释高层级的属性。语境涌现为解释涌现机制提供了新的形式主义方法。

西尔伯斯坦在《语境中的涌现与还原：科学哲学和/或分析形而上学》（"Emergence and Reduction in Context：Philosophy of Science and/or Analytic Metaphysics"）（2012）一文中指出涌现自亚里士多德以来就是争论不休的话题，该概念的使用混乱。在哲学、科学中，人们对涌现的理解不尽相同。怀疑论者认为不存在涌现的规律；在哲学中，涌现有时等同于物理主义，分析的形而上学更多关注的是规则上涌现的可能性；而在科学哲学中，实践意义上的涌现才是真正的科学解释。但是涌现论在某些领域和还原论是相融合的，实际上涌现是多元化的。

阿特曼斯帕彻在《从物理学到认知神经科学的语境涌现》（"Contextual Emergence from Physics to Cognitive Neuroscience"）（2007）中认为语境涌现是描述层级之间的非还原的而定义明确的关系，这一概念的核心思想是低层级的描述是高层级现象的必要条件，但不是充分条件，根据高层级的描述要求，引入偶然语境作为充分条件，二者合起来形成解释高层级属性的充分必要条件。"必要条件的存在表明低层级描述为高层级描述提供了基础，而充分条件的缺失意味着高层级属性既不是低层级描述的逻辑结果，也不能仅仅从低层级描述严格地派生出来。"[①] 在物理学领域，统计力学作为基础的必要条件，加上 KMS 条件这个必要条件，并以适当的语境拓扑，解释热力学性质，进一步用语境涌现解释了单个神经元和神经元系统之间、物理层级和心理层级之间的关系。

格拉本（P. B. Graben）、巴雷特（A. Barrett）和阿特曼斯帕彻在《神经网络中宏观状态语境涌现的稳定规则》（"Stability Criteria for the Contex-

---

① H. Atmanspacher，"Contextual Emergence from Physics to Cognitive Neuroscience," *Journal of Consciousness Studies* 14（2007）：13.

tual Emergence of Macrostates in Neural Networks"）（2009）中强调语境涌现的稳定性条件。低层级或者微观状态可以确定高层级的结构稳定状态，而高层级或者宏观状态的随机性稳定规则依赖于宏观的语境。作者认为在语境涌现中，低层级属性没有蕴含高层级属性，偶然语境是在低层级实现高层级解释的充分条件。

阿特曼斯帕彻和罗特（S. Rotter）在《解释神经动力学：概念和事实》（"Interpreting Neurodynamics：Concepts and Facts"）（2008）中论述了涌现是解释层级关系的方案，认为从低层级来描述高层级是可行的，语境涌现则提供了可能。这一解释方法的核心是"高层级语境的不可约性"[①]，认为高层级对低层级产生向下约束作用，而非下向因果关系。这种方法同样适用于用神经系统来解释心理状态，同时也为心理属性的多重物理实现提供了依据。

波佐布特（R. Poczobut）在《语境涌现以及其在心智哲学和认知科学中的应用》（"Contextual Emergence and Its Applications in Philosophy of Mind and Cognitive Science"）（2018）一文中认为自然界的各种层级都可以用涌现来描述，语境涌现可以引起涌现的下向因果关系；介绍了埃美切、科佩和斯泰恩费尔特提出的三种下向因果关系：强下向因果关系、中等下向因果关系和弱下向因果关系。在斯泰恩费尔特看来，宇宙不是按照层级分布的，而是结构化、互相嵌入的系统环，心理属性对物理属性的因果效应不是下向因果关系，而是系统性因果关系。波佐布特认为涌现论是认知科学的哲学基础，它扩大了认知主义的范围，心智是由大脑神经元组成的，而且也是身体、环境多层级涌现的结果。

4. 认知涌现论因果关系的分析

认知涌现论的因果关系主要是指涌现的整体对部分产生的下向因果关系，这是在强涌现的意义上讨论的。金在权认为下向因果关系是涌现的一个重要特征。而乌穆特（B. Umut）在《因果涌现和副现象涌现》（"Causal Emergence and Epiphenomenal Emergence"）（2018）中根据强涌现的法则上

[①] H. Atmanspacher, S. Rotter,"Interpreting Neurodynamics：Concepts and Facts,"*Cognitive Neurodynamics* 2（4）（2008）：315.

的必然性和因果的新颖性特征，提出两种强涌现——因果涌现和副现象涌现，认为二者既联系又对立。二者都是高层级的属性。因果涌现承认涌现有新的因果关系即下向因果关系，并不是一定的。副现象涌现认为涌现没有因果关系，坚持低层级法则的重要性。

埃美切、科佩和斯泰恩费尔特在《层级、涌现以及三个下向因果关系的版本》（"Levels，Emergence，and Three Versions of Downward Causation"）（2000）中认为下向因果关系是因果关系的一个重要组成部分，层级是实体构成的，根据高层级和低层级的构成关系以及亚里士多德对因果关系的分类，介绍了三种下向因果关系及其异同。

西格尔在《涌现和有效性》（"Emergence and Efficacy"）（2005）一文中，认为涌现是本体论的学说；随附现象论不具有因果性，是非因果作用的涌现，副现象论伴随良性涌现。

5. 认知涌现论的发展

作为一种科学理论，涌现论被广泛应用，当然它也存在不足，学者进一步完善和发展了涌现论。卡斯特弗兰奇（C. Castelfranchi）在《涌现与认知：迈向人工智能与认知科学的综合范式》（"Emergence and Cognition：Towards a Synthetic Paradigm in AI and Cognitive Science"）（2004）一文中提出"综合"范式——一种将认知和涌现、信息加工和自组织、反应性和意向性、情境性和计划等结合在一起的范式。该范式能够协调认知与涌现、认知和反应性；能解释认知计算和符号计算的动力学和涌现，认知加工和个体智力是如何从亚符号或亚认知分布计算中产生并进行因果反馈，集体现象是如何从个体行为和智力中产生并因果地塑造个体心智的。

立原（K. Tachihara）、戈德堡（A. E. Goldberg）在《神经科学及其他领域的涌现论》（"Emergentism in Neuroscience and Beyond"）（2018）一文中指出，涌现论简言之，就是复杂现象可以用更基本的过程来解释，这些过程和环境以动态方式相互作用。赫尔南德（D. K. Hernandez）等人的面部感知理论就是神经科学中研究涌现现象的典型例子。另外，他们认为语言也是涌现现象，涌现论预测语言将受到交际压力与注意、记忆、分类，以及认知控制相关领域一般过程的制约。涌现论有望作为解释神经科学和复杂现象的方法。

综上所述，从国内外的研究现状来看，目前，对涌现论的研究集中在系统科学、复杂性科学、哲学、神经科学领域，有些热点问题在某些学科是交叉出现的，譬如心身问题、意识问题，但将涌现论和认知科学结合起来研究的并不多，现有的利用涌现论解释认知现象的文献只是涉及认知科学和人工智能的某些问题，虽然提出了一些基本的原则和方向，但是缺乏一个统一的理论框架。也就是说，当前的研究只是将涌现论方法运用于认知科学的联结主义、生成主义等范式的研究，并没有在此基础上更进一步提出一个系统的研究纲领，而这正是我们所要研究的，这也是本书研究的目的所在。

四　研究方法与思路

（一）研究方法

本书主要运用历史分析法、案例研究法、学科交叉研究法、人物观点对比法；通过对中英文资料的文献分析，在全面考察涌现论的发展脉络、重要人物观点、认知科学各种研究进路的基础上，把对认知现象的研究置于涌现论的框架下进行构建，采取将文本考察和逻辑的历史的分析相结合，从局部分析到整体综合又从整体综合到局部，横向和纵向对比分析相结合的研究方法，特别是采用语境分析法对认知涌现论进行论证。

（二）主要思路

认知涌现论作为一种可能的认知科学研究纲领，目前在概念界定和理论建构方面还十分薄弱。在哲学层面上，本书将涌现论与认知科学结合起来进行反思，可以有效地推进其理论建构的进程。涌现论作为一种将科学和哲学分野综合的研究方法，涉及学科众多，需要综合运用科学史和哲学的研究方法。

首先，本书厘清思想基础，特别是厘清哲学层面、复杂性科学层面、认知科学层面上涌现论的用法、含义，深入挖掘每个阶段涌现论的特征，找出异同，总结出共性和个性特征。

其次，本书从涌现论的发展脉络，采用逻辑和历史统一的方法总结和提炼认知涌现论的特征并将它进行分类，将涌现论作为方法来分析离身认

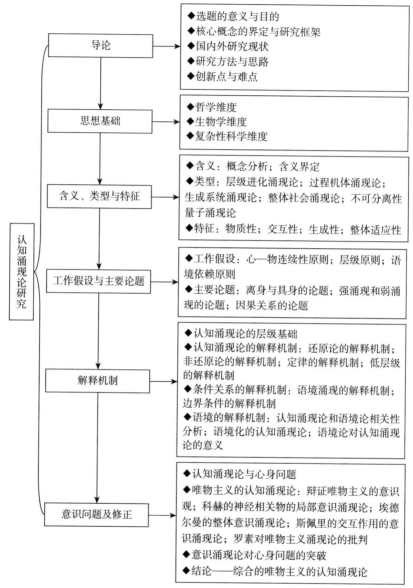

图 0-1　本书主要逻辑框架

知科学和具身认知科学，论证该理论的合理性和有效性；并在认知科学研究范式的变换下，从哲学层面上构建认知涌现论的理论框架。

最后，本书将意识涌现论作为一个案例来分析，对认知涌现论进行补充和修正，提出一种综合的唯物主义的认知涌现论，并不断总结、提炼和完善理论框架，反复推敲认知涌现论是否能够合理、有效地解释认知科学的相关问题。

五　创新点与难点

（一）研究的创新点

（1）将涌现论与认知科学的主题、研究范式结合起来，这一做法较为新颖。

（2）从方法上看，本书将涌现论作为一种方法来分析离身认知科学和具身认知科学之异同，尝试建立一种统一的认知科学研究范式。

（3）提出一种综合的唯物主义的认知涌现论，对意识涌现论进行补充和修正。

（二）研究的难点

（1）在严格意义上如何区分认知涌现论的哲学概念和科学概念。

（2）如何对认知涌现论的涌现机制给予明确的科学解释。

（3）如何将认知涌现论的形式化研究和语义研究统一起来。

第一章　认知涌现论的思想基础

涌现论在不同时期与不同学科的主流思想相结合，形成了认知涌现论的思想来源。我们通过对认知涌现论的历史根源进行梳理和分析，主要围绕哲学、生物学、复杂性科学等学科，按照历史和逻辑的方法探究认知涌现论的发展和走向，试图在历史维度中洞悉其发展线索，挖掘不同时期的思想根源，为统一认知科学提供丰富的素材和背景。

第一节　哲学的整体论渊源

"涌现"一词由英国心理学家先驱刘易斯于 19 世纪 70 年代在其《生命和心智的问题》一书中提出。涌现论可以继续往前追溯到 19 世纪中期英国哲学家穆勒对同质物质和异质物质的因果效应的分析，穆勒对异质物质的分析体现了涌现论，该理论后被刘易斯继承和发展。其实，涌现论最早可以追溯到古希腊柏拉图、亚里士多德对整体和部分的讨论，但是明确提出整体论思想却是 20 世纪以后的事情。

涌现论是在进化论的背景下整体和部分在时代论题和科学主题发生转变过程中此消彼长推进的结果，也是整体和部分在系统科学、复杂性科学中的展开和新的继续，是在化学、生物学、心理学等学科上开展的，形成于哲学而又回到对心智科学的探索，也是机体哲学探索从物质世界向人类世界延伸的结果。

正如斯穆茨（J. C. Smuts）所言，涌现是稳定整体的生成。涌现论推进整体和部分关系的发展，是对 17 世纪到 20 世纪以牛顿力学和爱因斯坦相对论为基础建立起来的机械论、还原论方法的批判和超越。可以说，探索涌现论的历史就是探索整体论的历史，但是涌现论不同于整体论，它比整体论更复杂，既重视部分对整体的基础作用，又不忽视整体对部分的限制和约束作用。

一　柏拉图整体优先的整体论

整体论有着悠久的历史。自古希腊以来，有关整体和部分之间关系的争论没有停止过，以不同形式在各门学科中存续。哲学脱胎于原始宗教和神话，一开始对于灵魂与物质的关系的讨论不仅涉及心身关系，也涉及整体与部分的关系，交织着唯心主义和唯物主义的斗争。从物质角度来解释灵魂，则呈现出唯物主义倾向，反之，则呈现唯心主义倾向，例如毕达哥拉斯学派认为灵魂是由某种物质组成的，如尘埃，又认为灵魂是不死的，最终导向唯心主义。柏拉图的整体论体现在理念和灵魂的学说中。

柏拉图，古希腊伟大的哲学家，是西方客观唯心主义的创始人，也是西方哲学的主要奠基者之一，其著作较多，《理想国》是其代表作，理念论是其哲学核心，对后世哲学思想产生了深刻的影响，整个西方哲学思想都和柏拉图思想相关，或是赞同柏拉图的，或是反对柏拉图的。理念论和灵魂观体现了柏拉图有关整体论的认识。

理念的整体观。柏拉图认为理念是"看得见的东西"，也就是事物的形状或者相，或者是普遍事物的概念，是具体事物所追求的目的或者根据，独立于事物和人心之外而单独存在。所有理念构成了一个客观独立的理念世界，个别事物因为"分有"理念或者"摹仿"理念而存在。"分有"也是把理念和具体事物分开，具体事物分有了同名的理念才得以存在。例如，美的桌子、美的树木、美的图片等美的事物，它们之所以存在，是因为分有了美的理念。"摹仿"意味着理念是事物的模型，事物因为分有理念而是其所是。例如，建筑师是根据理念来创造房子，木工根据理念创造桌子、椅子，万物亦如此。在柏拉图看来，理念相当于是个体事物的类，理念是实在，具体实物不是实在，仅仅是理念的摹本。也就是说，整体先于部分而存在，先有整体，才有个别事物，个别事物通过中介"原始物质"分有理念而存在，是偶然和相对的。《国家篇》体现了柏拉图的理念论思想。

灵魂的整体观。对灵魂探索是心智研究的最早形式。在柏拉图看来，灵魂是一个整体，包括三个部分，从低层级到高层级依次为欲望、激情和理性，理性是最高层级。理性与理念相同，是灵魂的最高原则，是灵魂的本性，是不朽的。当这三者各自节制地活动，整个灵魂也就实现了自然和谐。灵魂和肉体的关系也就是理性和欲望的关系，理性原则支配灵魂时，灵魂正当地统摄身体；欲望原则统治灵魂时，那么身体会反常地毁坏灵魂。人由灵魂和肉体组成，二者是独立存在的实体，人的肉体死亡后，灵魂不会死亡。灵魂最终支配着身体，并先于肉体而存在。柏拉图有关灵魂和身体的观点其实是心身二元论的开始。"回忆说"论证了灵魂先于肉体而存在。柏拉图认为，人在出生前就拥有知识，知识存在于灵魂中，人出生后，通过后天的学习回忆先前固有的知识，知识是先天存在的，因而是先验的。在《斐多篇》中可见柏拉图关于理念与灵魂关系的论述，在《美诺篇》中可见柏拉图"回忆说"。

"从一开始柏拉图对灵魂理论认知的整体性思想，指出两种不同类型的整体，柏拉图区分了作为'部分的总和'的整体和作为'来自于部分的实体，但与部分的总和不同'的整体。"① 他否认个别事物的存在，认为部分是为了整体而存在，是为了整体而被创造出来的。另外，在城邦和个人的关系上，柏拉图将城邦和灵魂作了类比，强调作为整体城邦的重要性，个人是为整体的城邦服务的，只能作为整体的有机组成部分，独立的个体是没有意义的，个人正义只有在城邦中才会体现出来。铸造一个幸福的国家就是"铸造一个整体的幸福国家"②。

二　亚里士多德的"非加和"整体论

亚里士多德认为个别事物是实体，对整体和部分的关系进行了进一步的阐述，认为整体先于部分而存在，有了部分并不意味着有了整体，还必须加上形式这一因素。他提出了"整体不等于部分之和"的整体观。亚里士多德对整体的理解普遍被学界视为涌现论的思想萌芽，他的整体论思想

---

① 金新政、李宗荣：《理论信息学》，华中科技大学出版社，2014，第164页。
② 〔古希腊〕柏拉图：《理想国》，郭斌和、张竹明译，商务印书馆，1997，第272页。

体现在形式和质料、灵魂和身体、城邦和个人的关系论述中。

亚里士多德，古希腊人，哲学家、科学家、教育家、思想家，是柏拉图的学生，是西方哲学的奠基者之一。他一生颇有建树，其研究涉及逻辑学、修辞学、自然科学、政治学、伦理学、形而上学等方面，重要著作有《形而上学》《伦理学》《政治学》《分析前篇》《分析后篇》等，对西方哲学有着深远的影响。

形式和质料的整体观。亚里士多德不满意柏拉图将理念作为事物的根本属性，对"理念论"进行了批判。他认为理念和个别事物不是分离的，不是一一对应的，理念不能对事物进行完满的解释，因此理念不能作为事物的本质、原因。亚里士多德提出"四因说"来说明自然物生成和变化的根本原因，这四种原因蕴含在自然内部，普遍存在。质料因，即事物由之生成并继续留存其中的东西。形式因，即事物的本质。动力因，即事物的推动者或作用者。目的因，即事物要实现的目标或者目的。亚里士多德认为后三种原因根源于自然物内部，把后三种原因统一看成自然物的形式因，也是说，形式因同时也是事物的动力因和目的因，只是表述形式不同而已，形式和质料构成了事物的性质。实际上，亚里士多德"四因说"中的"形式"和"质料"的关系体现了整体和部分的关系。在他看来，宇宙是一个相互联系的不可分割的整体，是通过形式实现的，一般存在于具体的个别事物中，不能脱离个别事物而存在。个体是形式和质料的统一体，但是形式是最根本的，质料因为形式的规定而成为事物，形式规定了事物的结构和功能，物质是潜在的形式，受某种目的因推动而无限运动，这一推动者是不动的上帝。柏拉图则相反，认为个别事物是偶然的东西，理念可以脱离物质而存在。

灵魂和身体的整体观。亚里士多德认为"灵魂"是"潜在地具有生命的自然形体的形式"[①]，也就是说灵魂是形式，灵魂作为身体之所是的根本原因。身体是灵魂的寄居处所，二者是不可分离的。灵魂是第一动力和原因，能推动生命活动，诸如生长、衰老这些发生在身体中的运动和变化都是由灵魂引起的；同时，灵魂也是身体生灭和运动的原因。这些表现为灵

① 曹青云：《"身心问题"与亚里士多德范式》，《世界哲学》2018 年第 4 期。

魂是身体之所以是身体的动力因。灵魂是不灭的，身体是会腐朽的。进一步可以看出，灵魂是不动的推动者，而身体是受动者。"灵魂与身体构成的动物体便是一个自我运动的统一体。"①

亚里士多德阐释了灵魂和身体的关系，认为生命现象是整体的。他认为灵魂是形式，灵魂不能离开身体而存在；身体是质料，身体也不能离开灵魂而存在，灵魂是生命的本质，身体只是为了存放灵魂而存在，二者不可分割。因此，对于亚里士多德而言，灵魂与身体的关系是本质与本质的拥有者的关系，是推动者与受动者的关系，是目的与工具的关系；但无论灵魂作为形式因、动力因还是目的因，它与身体的关系都是内在的，即灵魂是实现身体的形式，而身体是被形式化了的质料。灵魂对身体产生作用的方式是多样的，因为"灵魂作为本原的方式是多样的，即灵魂作为形式因、动力因和目的因是以不同的方式对身体产生效用"②。亚里士多德的灵魂观与柏拉图的不同之处在于，前者认为灵魂是形式，推动者是上帝，而在柏拉图看来，灵魂则是可以脱离肉身存在的实体，具有先验性。从本质上来讲，亚里士多德也没有超越柏拉图的灵魂观，倒向了上帝。

城邦和个人的整体观。亚里士多德认为个人和城邦是相互依存的，城邦是具有自给能力的由多种类型的个体组成的有机体，城邦促进个人最完善的美德的实现；在时间上，个人先于城邦，但是本质上，城邦先于个人。亚里士多德沿袭了柏拉图的城邦整体论思想。因为个人是城邦的组成部分，个人只有在城邦中才能得到美满幸福，离开了城邦的个人就不成其为人。

三 斯穆茨的整体进化论

有关整体与部分的思考其实从古希腊就开始了，但是将整体论作为一种学说提出来却是在 20 世纪。1926 年，南非哲学家简·斯穆茨在《整体论与进化》（*Holism and Evolution*）一书中首次提出"整体论"，他"根据希腊文 holis 创造了一个新词 holism，来称呼这种宇宙的基本原理，整体论

---

① 曹青云：《"身心问题"与亚里士多德范式》，《世界哲学》2018 年第 4 期。
② 曹青云：《"身心问题"与亚里士多德范式》，《世界哲学》2018 年第 4 期。

由此产生"①。他认为整体和整体论是不同的，整体是宇宙的基础，而整体论是宇宙演化的动力和规则，物质以整体的形式进化，宇宙从物理组合到有机世界再到人类的精神世界，不断被创造、进化。所以，"整体论是这里创造的术语，用来指这个基本因素对宇宙整体的形成或创造起作用"，"整体是宇宙本质在时间上向前运动最具特色的表达。它标志着进化的过程。而整体论是这种进步的内在动力"②。斯穆茨基于存在论或者本体论提出整体论，认为自然与宇宙的基本单元是整体，物质是以整体的方式被创造的，部分被整体塑造和调控。实际上，斯穆茨夸大了整体的作用，其思想带有"活力论"的色彩。

在斯穆茨之前，整体和部分的关系在本体论上主要表现为元素论和整体论。元素论和还原论相随相伴，有时候被称为还原论，在实践中主要表现为整体论和还原论之争。还原论在近代科学的发展下复兴，在19世纪达到顶峰，是对古代元素论的深化和发展，强调部分的作用，认为万物都是由原子组成的，万物可以被分解成或还原成原子，只有从原子出发才能对事物作出终极解释和说明，以分析为手段来理解事物，如以笛卡尔和牛顿为代表的"机械论"。

整体论与还原论相反，整体论用从部分到整体的方式来分析整体，认为各个组分之间相互作用、相互联系，对整体的宏观行为有着决定作用，强调整体的优先性。整体论又分为构成性整体论和生成性整体论。构成性整体强调整体依赖于组分之间的相互联系，与时间无关，可以在过去、现在、未来保持相对的一致性，单独组分的性能不受影响。例如，汽车由很多部件组成，其单独部件的性能不受影响。生成性整体强调了整体演化的时间性，组分相互作用构成的整体从一开始以整体的形式创生、发展、演化，组分之间的关系或结构随着时间而变化，强调了部分和整体的生成发展过程，以及生成性整体的过程性、动态性。并非所有整体都具有涌现性，涌现性指的是生成性整体具有的属性。

刘劲杨认为，"20世纪以来的格式塔心理学、系统论、复杂性科学、

① 黄欣荣：《复杂性科学的方法论研究》，重庆大学出版社，2006，第84页。
② J. C. Smuts, *Holism and Evolution* (London: The Macmilian Company, 1926), pp. 98 – 99.

认知科学、生态学等科学前沿均是推进当代整体论发展的主要动力，此外还包括语言学、符号学、人类学、经济学、管理学等领域对整体主义路径的拓展，形成了丰富多彩乃至错综复杂的各种整体论：如生物整体论、生态整体论、系统整体论、心灵整体论、心理整体论、语义整体论、有机整体论、理论整体论等"[①]。但是，"把整体论作为一种科学研究纲领则是20世纪以来的事情"[②]。整体论受到格式塔心理学、机体论、系统论、复杂性科学的推动，形成了不同阶段的整体论，不断走向更深的层次，主要体现为：在本体论上，从对存在的研究转向关系、过程演化，从静态走向动态，从线性走向非线性；从方法论角度来看，整体论从构成性走向生成性，生成性充分体现了涌现性，强调了认知整体的不可分割性、交互性、开放性、过程性。对人类心智的探索也不例外。

可以看出，整体论思想不断发生变化，早期斯穆茨提出整体论更多的是反对原子论，而进化论、生物学和生态学中表现出来的整体论是为了反驳机械论认识世界的方式，更加重视整体和部分的内在关系，例如生成性整体，"强调：①生命系统是有机整体，其组成部分不是松散的联系和同质的单纯集合，整体的各部分之间存在相互联系、相互作用；②整体的性质多于各部分性质的总和，并有新性质出现；③离开整体的结构与活动不可能对其组成部分有完备的理解；④有机整体有历史性，它的现在包含过去与未来，未来和过去与现在相互作用"[③]。生成性整体伴随着涌现。

四　莫兰的"整体小于部分之和"

法国当代著名哲学家、社会学家埃德加·莫兰（E. Morin，1921～　），涉及哲学、物理学、生物学、人类学、社会学、政治学、伦理学、认识论等领域，将人文科学和自然科学两者有机结合起来，提出了"复杂思维范式"，主要著作有：《迷失的范式：人性研究》（1999）、《复杂思想：自觉

---

① 刘劲杨：《整体论的当代定位与思想整合》，《中国社会科学报》2019年3月26日，第7版。
② 刘劲杨：《当代整体论的形式分析》，西南交通大学出版社，2018，第196页。
③ 中国大百科全书总编辑委员会《哲学》编辑委员会、中国大百科全书出版社编辑部编《中国大百科全书·哲学》（Ⅱ），中国大百科全书出版社，2002，第1161页。

的科学》（2001）、《方法：天然之天性》（2002）、《方法：思想观念》（2002）。莫兰的复杂性理论是三大复杂性理论之一，将有序和无序、统一性和多样性、主体和客体结合起来。他认为复杂思维原则有：两重性逻辑原则（辩证法原则）、循环因果性原则和全息原则。在哥德尔不完全性定理和热力学第二定律对经典力学的冲击下，简单性已经不能解释越来越多的现象，牛顿力学的确定性世界被打破，为此，莫兰构建三个理论：有序性和无序性统一基础上的关于能动主体的理论、关于整体与部分相互决定的多中心或无中心的系统理论、自我批评的理性主义的认识论理论。

莫兰的"整体小于部分之和"理论一般指的是关于整体与部分相互决定的多中心或无中心的系统理论，该理论主要是处理部分和整体的关系。系统不仅与部分，还与部分之间的结构、环境有关。莫兰认为系统既可能表现出整体大于部分之和（称为"涌现"），也可能表现出整体小于部分之和（称为"约束"），表现为整体属性对部分的压制和束缚。系统是相互作用的部分组成的一个集体。在莫兰看来，部分被纳入另一类型的系统中，该系统会表现出新的属性，这种新的属性就是涌现。"所有的整体状态都会带有涌现的特征。"① 系统中的部分也会有特殊的性质，这种性质在部分单独存在时不会表现出来，只有在整体中才会表现出来，这种性质在整体的作用下，会比在部分中更加凸显。

莫兰认为系统也会表现出"整体小于部分之和"的特性，由于整体与部分、部分与部分作用的方式不同，组分相互作用产生的整体有时也会表现出制约或者限制各个部分的特征、优点或者属性，从而表现出整体小于部分之和的特性。这种约束的性质在社会系统中特别显著。例如，在经济学看来，苏联实行的计划经济体制限制了企业、部门和个人的主动性，造成社会生产效率低下。

莫兰与柏拉图、亚里士多德的整体观不一样，他认为涌现是整体对于部分自上而下的集中控制和部分对于整体自下而上的反馈机制，整体和部分之间是互相决定的，"尊重它们的创造性，而为了给予它们能以发挥其

---

① 〔法〕埃德加·莫兰：《方法：天然之天性》，吴泓缈、冯学俊译，北京大学出版社，2002，第99页。

创造性的自由度，且相对松弛整体的约束，提倡部分和整体之间的相互决定作用"①。其实，莫兰在这里阐释了涌现的因果性。例如，神经科学已经证明了认知、情绪需要脑区域大量神经系统的大范围整合。一方面，局部的神经系统相互作用涌现出一个宏观层级结构的大整合模式；另一方面，这个整体涌现属性又会约束局部神经活动。哈肯将这种双向决定称为循环因果性。

莫兰认为意识由于具有自我反思的能力，会对人们的观念和行为产生反作用力，所以"意识拥有潜在的组织能力，能够反作用于人本身，改造并发展他"②。对于副现象，莫兰认为"涌现概念不可能被简约为表象、副现象或整体性；但它在所有这些概念之间维持着一种摇摆不定的必要关系"③，"不可简约性和这种辩证的模糊关系把它定格为一个复杂概念"④。

第二节　生物学的进化论基础

19 世纪 50 年代，得益于地质学的发展，受达尔文进化论的适应环境和自然选择思想的影响，生物学和生态学得到长足发展。18～19 世纪是牛顿力学盛行的高峰期，也是还原论盛行的高峰期。生物学在 19 世纪中期到 20 世纪初期总体表现出整体论的思想，这一时期也是生物学追求独立的时期，主要争论为生物学可否还原为物理学或化学。生物学家和哲学家对精神和生命问题的不同回答，形成了还原论和非还原论之争，还原论主要表现为机械论，非还原论的表现形式有活力论、机体论、涌现论。生命哲学表现出与传统哲学的不同，把对物质的研究引入对生命现象的探讨，从对世界本原的研究转向对过程的研究，突出了对生成创造的研究。

---

① 黄欣荣:《复杂性科学的方法论研究》，重庆大学出版社，2006，第 98 页。
② 〔法〕埃德加·莫兰:《方法：天然之天性》，吴泓缈、冯学俊译，北京大学出版社，2002，第 103 页。
③ 〔法〕埃德加·莫兰:《方法：天然之天性》，吴泓缈、冯学俊译，北京大学出版社，2002，第 102 页。
④ 〔法〕埃德加·莫兰:《方法：天然之天性》，吴泓缈、冯学俊译，北京大学出版社，2002，第 103 页。

一　活力论和机械论

17~18 世纪，牛顿力学在各个领域影响巨大，在生物学领域也不例外。对于生命本质的回答，人们根据对牛顿力学的不同理解，形成了两种生命观。一种是用牛顿力学解释生命现象，形成了活力论。该理论认为生命与非生命的物质截然不同，不遵循物理的、化学的规律，有自己特殊的规律。另一种是将有关物体的运动用以解释生命，形成了机械论。该理论认为生命物质和无机物没有本质的区别，生命的构成、行为与物质一样，遵循着物理和化学运动的基本规律。

对于精神和生命的探讨，活力论继承了亚里士多德的灵魂学说，认为无机物质和有机物质是不相同的，强调生命组织的特性，认为生命物体的一切活动是由生命体内部的超自然的、非物质的"活力"或"生命力"所支配的，"活力"或"生命力"控制有机体的形态和发展，否认生物体从非生物体中产生。这些"力"是有机物质和无机物质的重要区别。活力论是有关生命现象的一种唯心主义学说。从柏拉图的灵魂是灵气的学说，亚里士多德的"隐德莱希"决定着有机体的本质和结构中，可见其雏形。法国生理学家比夏（M. F. X. Bichat）是近代活力论的创始者。他认为生物器官具有多重复杂性，组成生命的各个组织都有其特性，这些组织的特性是器官活动的原因。德国胚胎学家、新活力论者杜里舒（H. Driesch）著有《活力论的历史和理论》《有机哲学》《身与心》等，认为海胆卵隐藏着非物质的"活力"，"力"使得有机体能自我调节和再生，生命现象不能用物理、化学规律来解释。柏格森认为生命创造力是生命的冲动，是"绵延"。19 世纪生物学的新发现，对生命物质基础的证实，特别是 20 世纪 50 年代 DNA 的发现，使活力论不断边缘化，但是活力论的合理思想被经典涌现论者吸收和保留下来了。

机械论是 17~19 世纪在笛卡尔机械论和牛顿决定论思想的影响下形成的，用物质的运动来解释生命现象、人类社会等，认为有机体与无机体只有程度的差别，没有本质区别，但是机械论无法解释生命的行为。拉美特利（J. L. Mettrie）在《人是机器》一书中，提出人是机器的论断，人像机器一样，是按照物理规律活动的。但是，"机械论的方法还是指导了很多比起笛卡尔来更倾向于实验的科学家。机械论的含义随着生命科学研究的开展和新发现的获得而不断发生变化，这一概念在 19 世纪末甚至被'机制'所取代"①。

涌现论继承了活力论对无机物和有机物的区分、反对还原等思想，所以，"涌现概念正是活力论中值得保留的合理方面"。活力论和机械论随着生物学和物理学取得进展，不断地修正各自的观点，通过对 18 世纪和 19 世纪活力论和还原论的主要观点（见表 1 - 1）进行对比可以看到其变化。活力论和还原论的共同点是弱化甚至抛弃了上帝。对待心理现象，活力论认为高级心理现象不能还原为物理现象、化学现象，而还原论认为是可以的。就解释机制而言，活力论坚持无机物质和有机物质相区别，以目的论来解释，机械论认为二者没有区别且是由因果决定的。涌现论和活力论的共同点是反对还原论，涌现论认为任何物质都可能是涌现的，但是活力论认为只有有机体才会有"生命力"。所以，涌现论吸取了机械论的物质论，合理继承了活力论的非还原性，从这个意义上来看，它首先"是活力论的——但它也改变了活力论，或者至少在一个非常重要的方面限制了它"②。

表 1 - 1　18 世纪和 19 世纪活力论和还原论的主要观点③

时期	活力论	还原论
18 世纪	上帝在一切的后面	上帝在一切的后面
	灵魂 = 生命，精神 = 非物质	非物质的灵魂不同于生命的精神。生命精神是物质的
	每一种精神和生命现象都是灵魂的直接表现。灵魂/生命的精神不能用科学的方法来描述——它们是可以自我解释的	大部分现存的现象可以用物质的生命精神的概念来描述
	生命以目的论出现和进行	很大一部分生命是由因果决定的，可以根据物理和化学来描述

① 费多益：《心身关系问题研究》，商务印书馆，2018，第 48 页。
② C. Emmeche, S. Køppe, F. Stjernfelt, "Explaining Emergence: Towards an Ontology of Levels," *Journal for General Philosophy of Science* 28 (1) (1997): 86 - 88.
③ C. Emmeche, S. Køppe, F. Stjernfelt, "Explaining Emergence: Towards an Ontology of Levels," *Journal for General Philosophy of Science* 28 (1) (1997): 87 - 88.

续表

时期	活力论	还原论
19世纪	上帝存在没有多大意义	无上帝
	非物质灵魂与物质的生命灵魂不同，后者等同于神经能量	无灵魂
	某些现象如高级心理现象不能归结为物理和化学现象	每种现象都可归结为物理和化学现象，包括高级的心理现象
	无机物质和有机物质不同	有机物和无机物原则上没有区别
	目的论行为	因果决定论

二　达尔文的渐变进化论

虽然涌现现象在自然界、社会科学中普遍存在，但是"涌现的概念对认知科学来说可能相对较新，但对整个科学或科学哲学家来说并不新"①。在19世纪70年代，刘易斯基于对穆勒因果关系类型的分析首次提出了"涌现"概念，涌现是指不同种类事物之间的合作，而不是它们之间的和或差，各组分之间是不可通约的。随着达尔文进化论的发展，涌现论与进化论相结合，在20世纪上半叶盛行，成为哲学中的热点论题。

进化论不仅对宗教"神创论"发难，而且还对"物种不变论"进行质疑。英国生物学家达尔文（1809~1882），进化论的奠基人，在大量观察的基础上，首次把生物学建立在完全科学的基础上，以崭新的生物进化思想打击了"神创论"和"物种不变论"。进化论被恩格斯称为19世纪自然科学三大发现之一。在马尔萨斯《人口论》提出的人口爆炸理论的影响下，达尔文写了《物种起源》一书，该书于1859年出版。该书主要阐述了两个观点：其一，物质是可变的，生物是进化的；其二，自然选择是生物进化的原因。他认为所有生命都起源于一个细胞，生物都是从低级到高级不断发展而来的，强调物种进化是自然选择和基因突变的结果。自然选择机制在于物种是可变的，生物是进化的，会产生随机变异，自然环境选择了能适应环境生存

---

① J. L. McClelland, "Emergence in Cognitive Science," *Topics in Cognitive Science* 2（4）（2010）: 752.

的生物变异，淘汰了不利变异，从而实现了生物的渐变和遗传。自然选择是生物适应环境而进化的原因，不仅生物之间是互相依存的，而且生物和环境之间也是相互作用的，生物都朝着有利于适应环境的方向而变化。

达尔文虽然从人工选择实验观察入手，论证了进化是自然界中的普遍法则，认为人类和动物、植物一样，是进化而来的，"'物竞天择''适者生存'是生物界普适的概念"①，但无论是人工选择还是自然选择，"两者的原理没有任何差异，进化的机制是完全相同的，这便是达尔文由人工选择的研究推导出自然选择观点的逻辑"②。

达尔文进化论给予"神创论"和"物种不变论"以打击，从唯物主义角度论证了生物包括动物和人类产生过程中自然选择的作用，在当时具有很大的进步意义，但是他只承认渐变进化，否认生物会突变，无法解释古生物学中的"化石断层"现象，不能解释遗传的本质。由于"进化论本身还很年轻，所以，毫无疑问，进一步的探讨将会大大修正现在的、包括严格达尔文主义的关于物种进化过程的观念"③。19 世纪初，古生物学家居维叶（G. Cuvier）认为地球发生过多次巨大的变化，自然界的剧烈瞬间变化也会产生新的物种，这是最早的突变论思想。荷兰植物学家德弗里斯继承物种产生的突变思想，认为物种是可以跳跃、突变产生的，这一过程具有不可逆性。1972 年，美国古生物学家埃尔德雷奇（N. Eldredge）和古尔德（S. J. Gould）提出"间断平衡论"，认为物种的产生是不连续的和跳跃的。另外，孟德尔（G. J. Mendel）提出遗传理论，"孟德尔遗传定律"对达尔文"融合遗传"产生冲击。这些新发现和新思想为涌现论的出现提供了丰富的理论基础，特别是突变论的早期思想对后来托姆的突变理论产生了重要的影响。

三 怀特海的创造进化论

20 世纪 20 年代，生态学家、生物学家为了反对活力论和机械论式的

---

① 谢江平：《达尔文历史观的近唯物主义解释——进化论与唯物史观关系再思考》，《学术界》2020 年第 7 期。
② 李珍：《人工智能的自然之维》，《云南社会科学》2020 年第 1 期。
③ 《马克思恩格斯文集》第 9 卷，人民出版社，2009，第 79 页。

因果作用机制而提出将自然界看作"有机体"或者"生物共同体"等。英国哲学家怀特海（1861～1947）提出将生命现象看成有机整体，提出机体哲学即过程哲学，代表性著作有《科学与近代世界》（1925 年）、《过程与实在：宇宙论研究》（1929 年）、《观念的历险》（1933 年）等。在《科学与近代世界》一书中怀特海对有机哲学做了简述，提出用有机论代替机械论，把生命体看成有机整体来解释复杂的生命现象。

怀特海的机体哲学受法国哲学家柏格森（H. Bergson）生命哲学的影响。在柏格森看来，生命的本质是"绵延"，生命的原始冲动是绵延的内在原因，也是生命源源不断创造实现的内在动力；世界的本原就在于生命冲动，存在不是实体，也不是精神，而是流动和变化。柏格森关于生命的创造性、连续性思想被怀特海继承和发展。

怀特海批判了机械论将自然看成物体的总和的观点，在现代物理学相对论和量子力学的基础上，以及总结柏格森等人研究的基础上，吸收了生物学中的进化、有机体的概念，构建以"事件""过程"概念为核心的机体哲学或者过程哲学。在怀特海看来，机体是现实存在和关系的构成。他认为自然的基本单元是事件而非物质，自然界处于创造、进化的过程中，事件处于流变的过程中。创造意味着新物质的产生，所以世界生成的过程、创造过程也是涌现，涌现意味着创造出新物质。事件的生成方式就是现实存在的方式，生成、创造的原因在于内在目的——自因性。人的世界就是事件的创造性进展。

怀特海认为，整个宇宙是一个有机体，是一个过程，是由无数事件或者现实实体构成的，这些事件构成了宇宙的部分，"他反对把宇宙整体看成是各个成分的总和与堆积"①。他认为，各个组成部分之间相互作用、互相联系、彼此摄入，世界中的"每一种事实都不只是自己的形式，而每一种形式却都'分有'着整个事实世界"②。世界在不断的创造过程中生成了万事万物。自然界、社会、思维都是如此，处于永恒的创造过程中。宇宙

---

① 黄小寒：《世界视野中的系统哲学》，商务印书馆，2006，第89页。
② 〔英〕怀特海：《过程与实在：宇宙论研究》，杨富斌译，中国人民大学出版社，2013，第12页。

"是一种而向新颖性的创造性进展"①。环境对进化的事物产生作用，环境的"本质是共同构成那种环境的实际存在物所组成的各种集合体所具有的诸特征的总和"②。在怀特海看来，"作为主体的自我是过程之中出现的突现物。……感受者是从自己的感觉活动中出现的统一体"③。机体与环境互相依赖、相互作用、相互包容，不断生成更大的机体，这一观点对系统哲学产生了深刻的影响，也为生态学的产生和发展奠定了基础。但是，进化论、生物学和生态学中表现出整体论观点是为了反驳机械论、还原论认识世界的方式。"至此，从达尔文到怀特海便可以勾勒出一条完整的生物进化论在本体论层面的逻辑投影，其中起主导作用的问题是如何提供一种能够真正支撑达尔文进化论的实体。这条逻辑投影从达尔文的生物进化思想所引起的机械唯物主义哲学的发展开始，进展到创造进化论思想和突创进化论思想，最后发展到其逻辑终点怀特海的有机体哲学。"④

20 世纪二三十年代，整体论在生物学和生态学中不断得到发展。20 世纪 30 年代，英国胚胎学家李约瑟（J. Needham）受中国古代有机论自然观的启发和整体思维的影响，提出了有关自然界的"整合层级"的概念，认为"宇宙中存在〔不同〕的组织层级，在复杂性和组织性的尺度上存在连续的秩序形式"⑤。他经过对中西方科技史的研究和对比，提出了著名的"李约瑟难题"，引起世界的关注。

在 20 世纪 40 年代，生物学家赫胥黎（T. H. Huxley）认为宇宙处于不断进化的过程中，一切事物都作为一个过程而存在，人类社会和伦理道德也是如此。他支持进化论，但是对达尔文的渐变论持反对态度，认为物种进化或转变以突变的形式发生，"新物种是由突变产生的，它一旦产生以

---

① 〔英〕怀特海：《过程与实在：宇宙论研究》，杨富斌译，中国城市出版社，2003，第 407 页。
② 〔英〕怀特海：《过程与实在：宇宙论研究》，杨富斌译，中国城市出版社，2003，第 202 页。
③ 李轶芳：《过程哲学与当代交往教学重构》，西安交通大学出版社，2018，第 127 页。
④ 丁立群、李小娟、王治河主编《中国过程研究》第 3 辑，黑龙江大学出版社，2011，第 88 页。
⑤ J. Needham, *Integrative Levels: A Reevaluation of the Idea of Progress* (Oxford: Clarendon Press, 1937), p.234.

后就具有完备的功能，可以作为一个生命的整体与外界环境相适应"①。

第三节　复杂性科学的涌现论基础

系统科学始于20世纪20年代，贝塔朗菲在1937年提出的一般系统论原理奠定了这门科学的理论基础。20世纪60年代，系统科学在西方得到了广泛的传播，应用于经济、政治、军事、外交、文化教育、生态环境等多个领域。20世纪70年代后期，系统科学进入新的发展阶段，特别是非线性科学和复杂性科学的研究，促进了其发展。复杂性科学主要研究自然界、社会、政治、认知等各种复杂现象的复杂性机理及其规律，涉及众多学科，旨在改变人们认识世界的简单性、线性思维方式，主要有三个发展阶段。第一阶段，1973年法国哲学家莫兰首先提出"复杂性范式"概念，复杂性科学开始萌芽。第二阶段，1979年比利时诺贝尔奖获得者普里高津（I. Prigogine）提出"复杂性科学"概念，他还提出了耗散结构论；哈肯提出了协同学理论；这一阶段的标志性成果是自组织理论和在非线性科学方面取得的成果。第三阶段即成熟阶段，1984年美国圣菲研究所成立，专门研究复杂性科学，认为复杂就是由简入繁，将涌现作为研究主题，主要著作有沃尔德罗普（M. Waldrop）的《复杂：诞生于秩序与混沌边缘的科学》、霍兰的《涌现：从混乱到有序》等；20世纪90年代，我国钱学森团队从定性方法、综合研究方法等方面研究了复杂巨系统。

复杂性科学的复杂主要体现在：一是突变是复杂产生的原因；二是协同，系统与系统、系统与环境之间是相互作用、互相促进和制约的；三是系统是自主系统，以自组织的形式生成。我们将系统科学作为复杂性科学的初级阶段，在复杂性科学的范围内进行讨论。复杂性研究涉及化学、生物学、神经科学、社会科学（社会学、经济学）、管理等学科，以及自然界的气候、地貌等，目前主要集中在生命系统、大脑神经系统、社会经济系统三大领域。复杂性科学对涌现论的基础性作用，主要体现在以下几个方面。

---

① 柯遵科：《赫胥黎与渐变论》，《北京大学学报》（哲学社会科学版）2015年第4期。

一 机体系统论

20 世纪 50 年代，理论生物学家贝塔朗菲在批判机械论的基础上，从生物学角度提出了既能适用于自然科学，又能适用于社会科学的一般系统理论。贝塔朗菲（1901～1972）是一般系统论和理论生物学的创始人，《一般系统论》（*General System Theory*）（1968）被认为是系统论的奠基作品。贝塔朗菲根据生物学的机体论建立了开放系统的一般系统理论，在他看来，系统具有整体性、有机关联性、动态性、有序性、目的性等特点。他认为一般系统理论是研究整体的理论，指出有机体必须作为一个整体或者系统来研究，反对把整体还原为部分来研究，认为生物系统具有等级性，必须把生命有机体当作一个能保持动态稳定的整体或系统来研究，才能发现不同层级上的组织原理。

贝塔朗菲认为机械论和机体论是不同的。在构造上，机械结构和有机体的结构也是不同的，机械论认为所有的事物都是由相同的物理成分构成的，可以分解为物质的物理性质或化学性质，而有机体结构是组分相互作用连续变化表现出来的结果，是动态变化的，要发现孤立的组分和作为整体的系统中组分行为的异同。贝塔朗菲的一般系统论整合了以分析的因果决定论为基础的机械论和强调整体、相互作用的机体论，加入动态因素，而不考虑系统的种类、组分的性质及其之间的关系，旨在发现不同领域如无机物、生物和社会现象的共同模型和定律。

贝塔朗菲认为生物体是有组织的，具有等级性，是开放的系统。他认为生物体是有机整体，具有"整体大于部分之和"的特征，整体"具有'新'的性质和活动方式"，不能通过孤立的组分或者子系统的性质简单相加来理解。就等级性而言，有机体有许多层级，按照一定的等级组成具有中心化的复杂系统。高层级不能简化为低层级，然而，"如果我们知道这些组分的集合和各个组分之间存在的关系，那么高层次是可以从这些组分中推导出来的"[①]。另外，有机体是一个开放系统，不仅有机体之间相互作

---

① 〔奥〕冯·贝塔朗菲：《生命问题：现代生物学思想评价》，吴晓江译，商务印书馆，1999，第 147～151 页。

用，而且外界环境对有机体产生影响，二者相互作用，进行物质和能量的交换以维持动态过程和进化。贝朗塔菲更多地关注集中控制的单个系统。

美国著名哲学家巴姆（A. J. Bahm，1907～1996）对有机哲学、价值论伦理学和亚洲哲学都有研究，提出"有机论互依的整体论哲学"，虽然没有明确提出系统概念，但是其思想已经包含了丰富的系统思想。他将系统哲学分为五大类：原子论、整体论、涌现论、结构论和机体论。在整体和部分关系的阐述上，巴姆将整体分为集合体、机械整体和有机整体，阐述了七种类型的整体部分本质关系的理论。在他看来，有机整体是指"由整体与部分共同组成的某物。没有部分就没有整体，同样，没有整体也就没有部分。只要一个整体与其部分相互依赖，我们就可以说整体与部分组成一个有机的整体"①，部分依赖于整体，与整体不同，部分之间是互补的、互相依存的；反对将整体还原为没有部分的整体，认为有机体的整体属性和部分属性是可变的。他进一步指出有机论和唯物论的区别，认为"唯物论只承认一个层次的多元体，而有机论则赞同多种层次的多元体"②。他对亚历山大和摩根的涌现论观点进行分析，认为涌现的事物由组分之间的稳定度决定，涌现物的结构和功能与组分不同，并具有形成本层级的规则，并且，"每一突生物不但是一种物体，而且也是一种因果关系的力量"③。例如，分子依赖原子而存在，水分子依赖于氢原子和氧原子而存在，否则，水分子将不存在。水分子的结构、功能与氧原子和氢原子的结构也不相同，它有自身的生成规则，水的分子式为 H_2O，结构式为 H－O－H（两氢氧键夹角104.5°）。他认为涌现论是"有机论的假说的自然结果"④。在某种程度上，巴姆以有机论来定义涌现论，实际上虽然涌现论和有机论都具有整体性特征，但涌现论更多地强调层级概念，而后者重视结构和功能。

---

① 〔美〕阿尔奇·J. 巴姆：《有机哲学与世界哲学》，江苏省社会科学院哲学研究所巴姆比较哲学研究室编译，四川人民出版社，1998，第108页。

② 〔美〕阿尔奇·J. 巴姆：《有机哲学与世界哲学》，江苏省社会科学院哲学研究所巴姆比较哲学研究室编译，四川人民出版社，1998，第323页。

③ 〔美〕阿尔奇·J. 巴姆：《有机哲学与世界哲学》，江苏省社会科学院哲学研究所巴姆比较哲学研究室编译，四川人民出版社，1998，第287页。

④ 〔美〕阿尔奇·J. 巴姆：《有机哲学与世界哲学》，江苏省社会科学院哲学研究所巴姆比较哲学研究室编译，四川人民出版社，1998，第658页。

二 哈肯的大脑协同学

德国理论物理学家哈肯（1927～　），激光理论的奠基人之一、协同学创始人，在研究激光理论的基础上，于 1969 年提出协同学概念，1973 年协同学作为一门学科诞生。协同学主要研究系统从无序到有序的规律，研究不同系统在宏观层面如何合作产生了空间结构、时间结构、功能结构，研究这些系统在结构中的质变过程，实际上研究的是一种结构关系，旨在用一种数学方程式描述系统形态的形成，即用序参量方程式来刻画。哈肯著有《协同学导论》（1976）、《协同学：大自然构成的奥秘》（1988）、《协同计算机和认知：神经网络的自上而下方法》（1991）、《大脑工作原理——脑活动、行为和认知的协同学研究》（1996）等。

协同学最初用来发现自然界突变现象的规律，基于对非线性的研究和分析，研究开放系统的诸部分和诸子系统在外部因素的作用下通过合作从无序到有序的转变规律，对非平衡态系统稳定性进行探索。他将统计学和动力学结合起来，用数学解析方法建构了一套演化方程，将系统的状态用一组状态参量来表示，当系统接近发生明显质变的临界点时，变化慢的状态参量就会越来越少，这些变化慢的状态参量能确定系统的宏观行为——有序变化的程度，被称为序参量，序参量是非物质的。也就说，系统状态的"整个时空行为由序参量支配（或役使）"[①]，系统通过序参量支配各部分的行为。这个过程展现的是役使原理，役使原理的作用在于压缩信息和扩充信息。

序参量反映的是子系统协同作用的整体效果，是度量系统宏观行为的唯一确定因素。例如，木偶艺人和木偶，前者是序参量，后者是部分，木偶整体表现出来的行为是由木偶艺人支配的，二者是互相作用的。水里漂浮的树叶，水是序参量，树叶是部分，水波动时，树叶也会跟着上下摆动。也就是说，序参量和部分是互相决定的，哈肯将这种作用称为"循环

---

① 〔德〕赫尔曼·哈肯：《大脑工作原理——脑活动、行为和认知的协同学研究》，郭治安、吕翎译，上海科技教育出版社，2000，第 43 页。

因果律"（circular causality）①。同理，就心身关系而言，精神和物质就是互相决定的，心身是同一事物的不同面，就像硬币的两面，它们表达同一事物，二者不能相互作用，但是一一对应的关系，类似于斯宾诺莎心身同一论中的心身关系。

协同论在物理学、化学、生物学、经济学、社会学中也有着广泛的应用。哈肯将生物系统看成"功能结构"，将大脑看成复杂系统，提出"大脑协同学"，建立协同计算机、协同神经网络的新概念，将协同学和认知科学、脑科学结合起来，用协同学方法、数学模式来认识大脑，用序参量和役使原理来描述大脑系统的行为，对大脑功能做出了协同学的解释，其协同学是以"通过各个部分的合作、以自组织方式涌现新属性的概念"②为基础的，将大脑看作具有涌现性的复杂系统。他认为思维或意识是大脑的物质性活动，序参量作为一个中观因素，将微观神经元和神经元的宏观输出结果结合起来。哈肯阐明的是"序参量（及其变化）支配的抽象过程，以及系统中互为条件的各个变量所描述的物质过程。这种陈述很可能具有不可检验的或'哲学的'属性。原因在于，大脑极端复杂，从微观到宏观的各个不同层次上，都会涌现新的属性，而证明一种新属性已涌现所必需的所有关系却难以确定"③。

三 托姆的非连续变化的突变论

从词源上来看，"catastrophe"和"mutation"都有突变之意，但是二者用法不同。"catastrophe"由希腊语 κατά（kata）和 στροφή（strophē）组成，前者相当于英文 down，有（从高处）向下的意思；后者相当于英文 turning，有转动、翻转的意思。该词初始之义是"灾变"，译为"突变"，指有较大变化的突变。荷兰植物学家、遗传学家德弗里斯于 1901 年提出生

① 〔德〕赫尔曼·哈肯：《大脑工作原理——脑活动、行为和认知的协同学研究》，郭治安、吕翎译，上海科技教育出版社，2000，第 45 页。
② 〔德〕赫尔曼·哈肯：《大脑工作原理——脑活动、行为和认知的协同学研究》，郭治安、吕翎译，上海科技教育出版社，2000，第 34 页。
③ 〔德〕赫尔曼·哈肯：《大脑工作原理——脑活动、行为和认知的协同学研究》，郭治安、吕翎译，上海科技教育出版社，2000，第 336 页。

物进化源于骤变的"突变论"（mutation theory），这一理论与达尔文的渐变论相对。"mutation"的词根是 mut（a）-，-mutat-，来自拉丁语动词 muto，mutāvi – mutātum – mutāre（变）– mutation，表示突变的意思。

德弗里斯对月见草进行了种植和分析，通过和原始月见草进行对比，将明显异常的株划分为若干个类型或种类，认为月见草出现新类型或种类是由于突变。以此为证，他认为物种不是达尔文所说的有连续微小的变化积累而发生进化的，物种的进化是突然的、不连续的，没有方向性的。但是，德国植物学家、遗传学家鲍尔（E. Baur）研究证实，德弗里斯所谓的突变并没有发生，突变是由于遗传变异的因素基因突变、基因重组、染色体畸变所产生的，仍然在自然选择的范围内。所以，德弗里斯的突变和遗传学的突变概念并不相同，后者强调事物本质的改变。另外遗传学上的突变论（mutation theory）和系统学中的突变论（catastrophe theory）并不是一回事。

20 世纪 60 年代末，托姆提出了突变论（catastrophe theory），其著作有《突变论：思想和应用》《生态学的拓扑学模型》《结构稳定性与形态发生学》。他于 1972 年在《结构稳定性与形态发生学》一书中对突变论进行重新定义，以此解释胚胎成胚过程，主要强调变化过程的间断或者突然转变之义，用数学模型来描述和预测事物的连续性中断的质变状态。一般来说，突变指的是系统发生不可逆转的现象，例如草原退化成沙漠，人生遇上飞来横祸等。托姆的突变指的是均质中发生的一种"相"变，用来解释自然界、社会中连续的渐变如何引起突变现象，以便对突变的走向做出预测。突变论和耗散结构理论、协同学被称为系统科学中的新三论。一些数学家如齐曼（C. Zeeman）、波斯顿（T. Poston）以及阿诺德（V. I. Arnold）都对这项研究作出过重大贡献。

突变论研究形态学的理论，主要研究不连续现象的一般机制，该机制属于间断性范畴，而渐变论是研究连续性范畴，渐变是初始变化的延续。另外，在中国知网检索"突变论"一词，所搜索到的英文文献的题目名字中一律使用的是"catastrophe theory"。在翻译过程中，有很多中国学者将"emergentism"译为突变论，这是不严谨的译法，因为二者的来源和用法是不相同的。

涌现论用来表达高层级的属性不能还原为低层级的属性，具有不可预测性、不可分析性等特点。而突变论是关于奇点的理论，在数学上以微分流形拓扑学为科学基础，使用数学函数表示各种临界点附近非连续现象的理论，从结构稳定性出发，推导出系统渐变和突变的条件。托姆证明，只要控制变量不多于4个，在某种等价条件下只有折叠、尖顶、燕尾、蝴蝶、双曲脐点、椭圆脐点、抛物脐点7种模型，发生突变的瞬间就是新质产生的开始。

在用法上，涌现论产生的结果是不可预测的。而突变论发生时，过程会失去结构稳定性，但是突变后产生的结果是稳定的，是可预测的，如生物的死亡。突变论旨在对突变因素进行控制和引导，从而避免突破突变的临界点，避免突变的发生，如预测战争爆发、经济危机爆发等。

另外，在托姆看来，突变论模型的意义在于"为思考人类思维过程和认识机制提供了新的回旋余地。事实上，根据这一看法，我们的精神生活只不过是各个动力场吸引子之间的一系列突变，这种动力场是由我们的神经细胞的稳定活动构成的。因此，我们思想的内在运动与作用于外部世界的运动，两者在根本上并没有什么不同。可以说，外力的模型化结构可通过耦合的办法在我们的思想深处建立起来，这也正是认识的过程"[1]。

但是，突变论是对形态突变原理的一般表述，旨在阐述突变的本质，研究中间过渡态是否稳定。突变论不重视对潜在条件的研究、涨落的存在，因此在开放系统中的用处就不大。

四　霍兰的生成涌现论

目前，学界对涌现的含义没有统一的界定，也没有达成共识。涌现在复杂性科学中作为科学概念提出，并不断得到发展。

"复杂性科学家常用'复杂来自简单'来表达涌现，认为复杂性是随着事物的演化从简单中涌现出来的。……涌现包含三个必要条件：（1）系统内存在大量个体；（2）存在一组简单的规则，适用于系统内的个体；

---

① 〔法〕勒内·托姆：《突变论：思想和应用》，周仲良译，上海译文出版社，1989，第14页。

（3）个体间有非线性互动。"① 即使规则不变化，个体发生变化，涌现也会因简单个体相互作用生成具有更多层级的结构和模式，形成宏观层级模式的解释。

霍兰（1929~2015），美国科学家，圣菲研究所的学术骨干之一，主要研究遗传算法、复杂适应系统、心理学，著作有《自然与人工系统中的适应》（1975）、《隐秩序：适应性造就复杂性》（1995）、《涌现：从混沌到有序》（1998）等。在《涌现：从混沌到有序》和《隐秩序：适应性造就复杂性》两篇著作中，霍兰对涌现理论进行了阐述。在他看来，涌现源自简单，简单中包含着复杂，复杂系统就是由简入繁、由小生大。这种复杂性在于系统自身的组分相互作用、不断出现新的涌现现象，表明了涌现的动态性，说明涌现系统是作为一种过程而存在。他指出，复杂系统的七个要点包括四个特性——聚集、非线性、流、多样性和三个机制——标识、内部模型、积木块，强调复杂系统的生成性、选择性、交互性、多样性、适应性、过程性。

霍兰在《涌现：从混沌到有序》中指出涌现具有以下特征："1. 涌现现象出现在生成系统中。2. 在这样的生成系统中，整体大于各部分之和。3. 生成系统中一种典型的涌现现象是，组成部分不断改变的稳定模式。4. 涌现出来的稳定模式的功能是由其所处的环境所决定的。5. 随着稳定模式的增加，模式间相互作用带来的约束和检验使得系统的功能也在增强。6. 稳定模式通常满足宏观规律。7. 存在差别的稳定性是那些产生了涌现现象的规律的典型结果。8. 更高层次的生成过程可以由稳定性的强化而产生。"② 在他看来，涌现产生的载体是生成系统，表现出整体大于部分之和，是部分和部分、部分和环境之间相互作用生成的相对稳定态。涌现论不仅在自然界取得了成功，而且在社会科学中应用不少，这些成功为将其用于认知科学领域的研究提供了可能。

他基于对费雪（R. S. Fisher）《自然选择的基因理论》（1930）的了

---

① 吴今培、李雪岩、赵云：《复杂性之美》，北京交通大学出版社，2017，第29页。
② 〔美〕约翰·霍兰：《涌现：从混沌到有序》，陈禹等译，上海科学技术出版社，2006，第231~237页。

解，以及对生物学的研究，特别是以遗传机制为基础，采用数学方法，利用计算机模拟，发明了遗传算法（genetic algorithm，GA）。遗产算法是基于适应性机制，模拟生物界的进化过程。他通过对一系列涌现现象的研究，例如对种子生成参天大树、西洋跳棋、蚁群等具体现象的研究，用隐喻解释涌现，得出涌现现象产生的普适规律。在他看来，复杂是由简入繁。

霍兰在总结一般系统的基础上，于1994年进一步提出复杂适应系统理论，主要围绕适应性建立复杂系统的工作机制，认为系统在生成过程中受到组分的制约。简单来说，该理论就是研究具有主动性、目的性的主体在适应性的过程中涌现出的整体行为，核心概念是受限生成过程（constrained generating procedures，CGP），主要研究环境对主体的影响，主体在环境等约束条件下进化的规律。霍兰以受限生成过程模型为基础，采用形式化——一组转换函数定义了层级的精确概念。

CAS指的是由无数有适应性的、活的个体相互作用而成的系统。个体在与环境相互作用的过程中，能"积累经验"，表现出学习适应的能力，并不断改变主体的行为规则，以便与周围的环境相适应，可以更好地生存。个体的适应程度是整个系统演化的基础。个体之间的结构关系、个体与环境、个体与个体之间的相互作用是系统演化的动力。个体把微观的自主性、适应性和系统宏观行为方式联系起来了，使得系统不断发展、进化。

CAS理论认为，主体能根据其他主体和外部环境的变化而调整、修改自己的行为，进行最优选择，产生回声反馈，改善和调整自己的模式从而采取适应性的行动，在各个主体之间、各相同层级之间相互作用共同演化，不断生成层层涌现现象，螺旋上升，形成对未来的一种预测。所以，CAS理论不仅涉及个体的演化过程，还涉及个体和环境、系统之间的演化，体现了主体选择的随机性和系统整体的确定性，进而刻画了整个系统的涌现性、适应性。

综上，对于复杂性科学领域，霍兰的观点与早期系统论观点不同。贝塔朗菲更多地强调涌现的整体大于部分之和、层级性等特性，而霍兰从动态角度关注部分性质、部分之间以及部分和环境之间的相互作用对涌现生成的重要性，他认为涌现是简单生成复杂，强调涌现的相互作用、生成性等；他构建复杂受限生成理论解释涌现机制，认为建立模型对认识涌现现象很重要。在某种程度上，霍兰对自然界涌现现象的分析、建模，为用涌现论分析认知的产生机制提供了可能。

第二章　认知涌现论的含义、类型与特征

关于认知或心智机制的探讨，自古希腊以来就没有停止过，因为这个问题实质上是心身问题的深化。针对此问题的观点有多种，诸如二元论、同一论、副现象论等，认知涌现论是认知科学产生后出现的一种新观点。然而，涌现一词有多种含义，不同学科对它的理解也不尽相同。而且，涌现论本身与不同时期的科学主题相结合，形成了各种类型的涌现论——进化涌现论、机体涌现论、系统生成涌现论、社会涌现论等。随着复杂性科学、心灵哲学、神经科学和认知科学的发展，涌现论进入认知或心智领域，形成了认知涌现论——一种具有交互性、生成性、整体适应性特征的本体论唯物主义。事实上，认知涌现论是基于神经科学对心智或意识机制进行解释的意识整体论。

人的认知是如何产生的，关于这个问题有不同的见解，比如，笛卡尔认为认知是天赋观念，洛克认为认知是观念的集合，怀特海认为认知就是整体的生成过程。认知的解释机制有因果解释、统一解释、目的解释、模型解释等，涌现论是不同于这些解释的一种新观点。简单来说，"涌现"是指组分相互作用产生的整体具有而组分单独不具有的某种属性，具有新颖性、不可还原性、不可预测性等特点。本章围绕"涌现"概念以及认知涌现论的演变、类型和特征展开，分析不同学科对于涌现论的看法和态度。

第一节　认知涌现论的含义

涌现论出现于对化学分子式的分析和物理学力学的分析中，在哲学和

科学论题的推动下，特别是在分析哲学和复杂性科学的影响下，浮浮沉沉，在心灵哲学中重新焕发生机，特别是对心智的研究，再次成为一个新的热点。我们首先从对英文"emergence"概念的分析入手，分析科学家和哲学家对该术语的理解和认识。

一 "emergence"的概念分析

从英语词源来看，"emergence"源于拉丁语"emerge"，本义为从液体中浮出，引申为现出、显现、生成、露出。"从词源学上说，emerge 一词本无'突现'的意义。"① 从汉字造字法来看，"突"是会意字，意为犬从洞中突然窜出，动作快，时间短；"涌"是形声字，是指水由下向上冒出，蕴含了动作的方向性、整体性。从字面意义看，"突"作为动词，有凸起、冒犯、冲撞之义，"涌"指的是像泉水一样涌出。汉语"涌现"更符合英语"emergence"词源之义——液体中的显现。虽然"突现""涌现"二者都有突然出现之义，但其内涵是有差别的。"突现"是动作一次完成，强调瞬时、瞬间，不具有连续性，而"涌现"能体现事物发展的阶段性和连续性的统一，能形象地表达生命、意识、意志等的产生机制。而且，"Emergence 也有上层和下层以及部分和整体的关联方向性问题，中文涌现一词能够表达方向性，而突现则不行。涌现表达了过程性、动态性、持续性，而突现表达的是瞬时性"②。因此，"涌现"包含了"突现"的意义，内涵更丰富，不仅有瞬时之义，还能包含渐进突现之义。

"emergence"一词的译词，学界并未达成统一。学者对于"emergence"术语翻译的争论，反映了学者对于"emergence"的认识和理解的深入，在笔者看来，将"emergence"译为"涌现"、"emergentism"译为"涌现论"更符合词源本义。涌现论是对所有涌现现象的高度概括和集中反映，体现事物发展的整体性、适应性、连续性、过程性、生成性，明显有别于自然科学中的突变论。

---

① 高新民：《心灵与身体——心灵哲学中的新二元论探微》，商务印书馆，2012，第 345 页。
② 朱海松：《微博的碎片化传播——网络传播的蝴蝶效应与路径依赖》，广东经济出版社，2013，第 203 页。

威尔逊（R. A. Wilson）在《MIT 认知科学百科全书》（*The MIT Encyclopedia of the Cognitive Sciences*）（1999）中指出，英国心理学先驱刘易斯于 1875 在《生命和心智的问题》中提出术语"emergence"，刘易斯区分了涌现思想启蒙者英国哲学家穆勒对力学中同质物质和化学中异质物质的因果效应分析——将力学中同质因果关系称为组合，将化学中的异质因果关系称为涌现。这意味着，涌现是"化学反应式"的"异质耦合"，不是"物理反应式"的"同质组合"。刘易斯对异质因果关系进行了继承和发展，指出"涌现事物，不是把可测量的运动加到可测量的运动上，也不是将一种事物添加到同类的其他个体上，而是不同种类的事物之间的协作……涌现事物不同于其组成部分，因为它们是不可通约的，涌现不能简化为它们的和或差"①。穆勒提出了涌现的三个判据：其一，一个整体的涌现特征不是其部分的特征之和；其二，涌现特征的种类与组分特征的种类完全不同；其三，涌现特征不能从独自考察组分的行为中推导或预测出来。② 显然，刘易斯强调涌现不是部分之和或之差，而是一种实在、一种异质事物之间的协作，而且涌现事物与各部分之间是不可通约的。

历史地看，涌现思想可以追溯到古希腊的亚里士多德的"整体不等于部分之和"，他认为整体先于部分而存在，有了部分并不意味着有了整体，在"质料"上必须加上"形式"，因为事物是"形式"（形成整体的部分的统一因素）和"质料"（部分）组成的复合整体。例如，对一个人的定义并不能从对这个人的手足等单独部分器官的定义组合来确定。但是，"必须强调的是，涌现现象比传统中包含在整体与部分关系中的现象要多得多"③，涌现的内涵比整体与部分的关系更为复杂，因为它还涉及层级性和生成性等。

---

① G. Lewes, *Problems of Life and Mind*, *First Series*, Vol. Ⅱ（Honolulu：World Public Library. org, 2010），p. 369.
② 〔美〕欧阳莹之：《复杂系统理论基础》，田宝国、周亚、樊瑛译，上海科技教育出版社，2002，第 181 页。
③ J. Goldstein, "Emergence as a Construct：History and Issues," *Emergence* 1（1）（1999）：51.

二 认知涌现论含义的界定

涌现论是基于对人的思考，其发展伴随着生命的探讨以及进化论和其他领域相关论题结合的推进。向上追溯，涌现论是自古希腊以来"存在巨链"中两个"上帝"——完满之上帝和生成（generativeness）之上帝——的分裂，生成之上帝的生成思想洒向人间的结果。文艺复兴时期向人性的回归，以及18世纪生命科学的研究，开启了对人的生命价值以及生命意义的思考。向近审查，认知涌现论是对笛卡尔遗产——心身问题在时代背景下给予的新解释，是在反对古希腊以来的活力论，以及对17~18世纪中期处于鼎盛时期的机械论进行批判的基础上发展起来的。活力论认为生命的本质在于某种神秘的"生命力"或"生命能"，身体只是灵魂的藏身之地，反对用物理、化学规律解释生命现象。然而，虽然"活力论是一种可能的解释模式，只不过它的用处及其对科学家的贡献尚有疑问"①。机械论源于牛顿的经典力学以来的决定论思想，反对宗教神学作为世界的主宰物，认为生命机体就像一架机器，可以用物理、化学规律解释生命现象。机械论只注重静态分析，将整体与部分的关系割裂了，甚至忽略部分之间的关系。同样，机械论对生命的解释无法令人满意。

涌现即"刘易斯的术语在20世纪20年代被涌现进化论借用，形成了一个在科学、哲学和神学领域松散结合的运动主流"②。英国学者将涌现论与进化论相结合，形成了英国涌现论，学界一般称这个阶段的涌现论为英国突现论或原始涌现论（proto-emergentism）。我们用经典涌现论特指这一时期的英国涌现论思想，还有美国、苏联等国家学者的相关思想，以便与复杂性科学、认知科学中的涌现论相区别。这一时期的主要代表有刘易斯、摩根、亚历山大、塞拉斯（R. W. Sellars）、布罗德、斯穆茨、洛夫乔伊（A. Lovejoy）和惠勒（W. M. Wheeler）等。涌现被认为是从物质中突现的新质，是不可还原的。对于涌现的形成机制，亚历山大认为是"自然虔诚"的结果，没有彻底脱离神秘性。所以，"尽管'涌现'目前很流行，

① 费多益：《心身关系问题研究》，商务印书馆，2018，第17页。
② J. Goldstein, "Emergence as a Construct: History and Issues," *Emergence* 1 (1) (1999): 53.

但它在当代进化论中有着悠久的历史和难以捉摸的模糊地位"①。这一时期涌现论不具有科学的特征，主要是对事物属性的描述，"因为他们无法接触到足以产生涌现现象的各种过程，他们只能满足于仅仅将某事物命名为涌现"②。

涌现论实际上是对当代有机哲学和系统论相结合产物的深化，也是人类认识由简单性向复杂性的推进。随着系统科学和复杂性科学的深入发展，以及当代整体论的兴起，在批判还原论的基础上，涌现论把整体论引入一个更深的层级，强调整体的生成性，也是调和当代整体论和还原论之争的一个突破口。但是从涌现论的发展史来看，它是整体论在复杂性科学中的进一步深化。从方法论角度来看，它进一步推进了整体和部分的关系，强调部分之间的相互作用，它以整体的生成性融合了整体论和还原论之争。

然而，经典涌现论是在19世纪初期基于科学哲学和进化论背景提出的，在20世纪二三十年代几近消失。涌现论在20世纪70年代在心灵哲学和复杂性科学的推动下得以复兴，对人类认知心智和意识的讨论再次成为科学和哲学中的热点。

涌现一词内涵丰富，至今没有一个明确的定义，经常被不加反思地应用到各门学科中，在生物学、哲学、科学哲学中最为明显，即使是在同样的学科视域下，它的用法也不一样。总的来说，哲学研究更多地关注本体论论题。布莱兹（D. Blitz）认为涌现论不是一种因果理论，"涌现进化涉及物理学、化学、生物学和心理学等学科的研究领域——这是一项哲学任务，并没有针对其中任何一个学科提出具体的变化机制——这是一项哲学无法承担的科学任务"③。

涌现在自然界、社会科学、人类社会、人工智能、计算机科学等领域都存在。"关于物质结构造成涌现的理论为物质涌现论，而关于信息结构

① P. A. Corning, "The Re-Emergence of 'Emergence'：A Venerable Concept in Search of A Theo-ry," *Complexity* 7 (6) (2002)：20.

② J. Goldstein,"Emergence as a Construct：History and Issues," *Emergence* 1 (1) (1999)：58.

③ D. Blitz, *Emergent Evolution：Qualitative Novelty and the Levels of Reality* (Dordrecht：Kluwer Academic Publishers, 1992), p. 100.

造成涌现的理论为信息涌现论。前者讨论具体系统的物质结构如何涌现出新的物质属性、特征、行为和功能，后者讨论抽象系统的信息结构如何涌现出新的信息属性、特征、行为和功能。"① 相应地，认知涌现论也就是研究认知结构造成涌现的理论，旨在研究认知基本单元之间如何涌现出新的认知属性、特征、行为和功能，具体表现为研究心理现象和物理现象之间的关系，集中反映为研究意识是否是涌现的。

认知涌现论就是将涌现论与认知科学相关主题、范式相结合，在认知科学论题的推进下不断将涌现论延伸和拓展到人类智能和心智、认知研究领域的产物。认知科学中的许多研究范式与涌现论是紧密相关的，如符号主义、联结主义、行为主义、具身认知、生成认知等，这些研究范式表现出涌现性、整体性、不可还原性特征。

第二节　认知涌现论的类型

刘易斯之后，涌现论在英国、美国、法国、苏联得到发展，在英国尤为盛行，在不同学科如哲学、生物学、系统科学、复杂性科学、社会科学、经济学、理论物理学等领域得到发展，最终在人类精神现象和心智的探索中达到顶峰，并与不同时期的论题相结合，形成了如下不同类型的涌现论。我们按照涌现论的发展，结合时代的主题来进行分类。

一　层级进化涌现论

19 世纪 20 年代以来，地质学的发展，特别是古生物学家居维叶的"灾变论"和埃尔德雷奇、古尔德的"点断平衡论"的提出，极大地冲击了达尔文的渐进进化论。进化涌现论将进化论和涌现论相结合，调和了突变进化论和渐进进化论。进化涌现论通常认为高层级现象来自低层级现象，但不能从低层级现象推论出来，具有新颖性、不可还原性、不可预测性等特点。

进化涌现论与生物学相伴相随，将进化论和涌现论结合起来，认为涌

---

① 李宗荣等：《信息心理学：背景、精要及应用》，武汉大学出版社，2017，第 123 页。

现是事物的本质力量。在认知科学中，进化涌现论的观点是意识和物质是连续的，意识是在物质中进化的。尤其是对生命现象的讨论，进化涌现论虽然为了反对活力论借助超验的力量，但也没有摆脱神而从物质出发，最终给神留下了位置。

亚历山大通过涌现建立形而上学的存在本体论，认为物质的本质基础是时空，生命、意识、心智和神灵依次从中产生，神性居于最高层次，较高层级的属性是由存在的较低层级涌现产生的，构成新的存在秩序，但不能还原为较低层级的属性，事物之所是皆为神性使然。亚历山大涌现论从精神和肉体切入，认为新质的涌现是在时间上展开的，涌现就是"一种新的性质从存在的任何层次上涌现出来，指的是该层级形成了一种特定的运动排列的配置，这种配置具有适合于这个层级的性质，它是更高的复杂性所特有的"①。在他看来，精神不仅是物理化学的，而且是心理的。

布罗德就整体和部分的关系指出，整体是部分以一定的关系和结构形成的，具有部分所不具有的整体属性，不能从部分推导出来，具有不可还原性。另外，他认为心灵也是物质，无法从物质结构中推导出来。因为受新实在论的影响，布罗德通过科学来研究涌现的层级，发展了亚历山大的层级进化论，认为不同物质处于不同层级，每一层级都具有从较低层级涌现的整体特性，具有不可约性、基础性。他提出了层内定律和跨层定律。层内定律解释的是同一层级属性之间的关系，而跨层定律很好地解释了层级间的涌现特征，证实了涌现具有不还原性和不可预测性。但是，也有学者不认同布罗德对跨层定律的解释，陈刚认为跨层定律"只是同时、依赖、实现的关系，否认它是因果、共变关系"②。

摩根与亚历山大相反，坚持自然主义的涌现论，认为涌现是基层物质、生命到心灵逐层级在时空上展开的结合体，高层级事物是由低层级事物进化而来，并且对低层级事物产生影响。显然，摩根的涌现思想蕴含了下向因果关系。摩根反对达尔文的渐进进化论，认为自然界是从低到高逐层涌现的新结构，事物是以结构的形式存在的，使涌现概念"从粗陋的活

① S. Alexander, *Space, Time and Deity*, Vol. 2 (London: Macmillan, 1920), p. 45.
② 陈刚：《世界层次结构的非还原理论》，华中科技大学出版社，2008，第54页。

力论那里摆脱出来"①，并说明了每一层级都是实在的，不存在单独的层级。"摩根不是在形而上学的思辨基础上，而是在科学研究的基础上提出'实在层次'概念的。对世界本身的经验研究表明，实在将自身展现为一系列的突现层次，而不是作为构成所有事物的基本构造单位而理解的物质的排列（permutations of matter）。"②

生物学家赫胥黎认为新物种是以突变的形式产生的，以整体的形式与外界环境适应。事物进化时，"时不时会有一个突然的快速通道，通向一种全新的、更全面的秩序类型或组织类型，具有相当新的涌现性，并涉及进一步进化的全新方法"③。他进一步论述了意识理论，认为大脑中分子的变化是意识产生的根本原因，意识不能对这些分子产生任何反馈作用，精神现象是身体运动的从属物，并否认意识对物质的反作用，其理论蕴含了随附性思想。

我们认为，进化涌现论虽然丰富了刘易斯的涌现概念，但不能解释涌现的形成机制，比如亚历山大认为涌现是"自然虔诚"的结果。布罗德虽然提出"层内定律"和"跨层定律"的涌现机制，但对高层级的解释仍摆脱不了某种神秘的猜测，这时期的涌现论"常被指责为促进神秘的解释"④。

总之，进化论和涌现论不是对立的，就生命的连续性而言，涌现是生命进化过程中的一个特殊阶段。进化涌现论的重要特征是提出层级涌现、本体论的唯物主义，"它所产生和最重要的理论成就也许就是一个层次的世界结构"⑤。对于进化涌现论，每位哲学家的观点不尽相同，侧重有别。例如，亚历山大认为涌现的新性质包括新的结构和秩序，摩根认为涌现的是新结构或新关系，布罗德提出了跨层定律的涌现机制。但是，他们普遍

---

① 〔英〕P. 切克兰德：《系统论的思想与实践》，左晓斯、史然译，华夏出版社，1990，第98 页。
② 陈刚：《世界层次结构的非还原理论》，华中科技大学出版社，2008，第58 页。
③ J. S. Huxley, T. H. Huxley, *Evolution and Ethics: 1893 – 1943* (London：The Pilot Press, 1947)，p. 120.
④ M. Silberstein, "Emergence& the Mind-Body Problem," *Journal of Consciousness Studies* 5（4）(1998)：465.
⑤ 陈刚：《世界层次结构的非还原理论》，华中科技大学出版社，2008，第71 页。

认为涌现具有不可还原性、不可预测性、质的新颖性、层级性等特点，不仅讨论了世界或宇宙的涌现，而且对生命现象、精神、心理属性、心理过程和神经过程的关系、随附性等都有所讨论，这也为 20 世纪 70 年代涌现论在心灵哲学、复杂性科学、认知科学、社会科学等领域的复兴奠定基础。但是，他们对涌现的讨论仅仅停留在现象层面，并没有真正深入讨论涌现机制。

二　过程机体涌现论

机体哲学是在 20 世纪自然科学大综合的趋势下形成和发展的，是在美国实用主义的基础上发展起来的。美国实用主义产生于 19 世纪 70 年代，在 20 世纪通过詹姆士、杜威等人的发展，成为美国的一种主流思潮。实用主义将实际效用看作一切行为的基本原则，认为经验是某种心理活动或意识流，经验是人和环境相互作用的结果。人类的认识和思维是经验的一种方式，是为了满足人的某种需求而适应环境的机能。经验的作用类似于同一论，它是精神和物质、主体和对象的统一体，经验超越了二者的对立，不过是生物有机体适应环境的活动而已。同样，就真理而言，真理是经验之间的关系，那些能给人类带来效果和具体利益的就是真理，否则是谬误。在道德方面也是如此，真理和道德为了实现某种实际效用，是作为工具而出现的。

实用主义力图调和物质和精神的对立，但是为神学留下了地盘，因为实用主义认为只要能为生活提供实际效用的就是真实的，是真理。实用主义的积极意义在于：引入生物学解释经验，认为经验是生物有机体和环境相互作用的结果，用科学概念介入对哲学的分析。另外，它认为经验是能动的，是反对机械论的一种方式，也为机体哲学的出现做了铺垫。

20 世纪 30 年代以后，层级进化涌现论由于自身逻辑体系不完备和逻辑实证主义的发展，走向衰落，但其思想在生物学领域得到了应用，并以机体哲学的形式得到发展。生物学家为了反对活力论和机械论而将自然界看作"有机体"或"生物共同体"。哲学家、生物学家将生物机体思想发扬光大，如英国哲学家怀特海、美籍奥地利生物学家贝塔朗菲、美国哲学家巴姆等。机体论认为世界是完整的机体，整体的结构会影响部分的性质；世界是进化的、发展的，是以过程的形式存在的。怀特海、巴姆从哲学角度提出了机体哲学。而贝塔朗菲从科学方法论角度提出，他不满意机械论的"简单相加"、"人是机器"和"刺激反应"的观点，他认为生命现象是有机整体，具有层级性；有机体的结构是连续流动的，是动态的，并且有自主性。

怀特海认为宇宙万物包括自然、社会和人类都由活动的"机体"构成，处于创造、活生生的生成过程中。自然的基本单元是事件而非物质，事件是被创造出来的，是不断生成的，处于一个变化的有层次的等级世界中。由于摄入或感觉，"自我是在过程中贯串出现的突生物"①，整体过程的认识即认知。他阐述了整体和部分的关系，认为整体不是部分的简单之和，各部分之间是互相依存的；世界是不断变化的，过程就是实在。至于世界的本源是什么呢？他又指向上帝，陷入客观唯心主义。但是，他的思想蕴含了整体性、生成性、动态性等。

美国哲学家巴姆认为，整体和部分是互相依赖、互相决定的，整体和部分的关系不是绝对的，部分是作为整体而存在的，此整体又可以作为一个更大整体的部分而存在，"它融入另一种多层面的相互依存性、多层面的互补性、多层面的极性或许还有某些多层面的多样性的复杂性"② 而不断发展。

巴姆引入控制论，用"能"来介绍有机整体论，强调有机论的有机性，从整体与部分的讨论入手，其中对二者的关系、复杂性、互相依赖性等的阐述蕴含系统哲学思想。整体和部分的关系贯穿巴姆的整个有机哲学思想。巴姆认为，整体和部分的主导地位不是一成不变的，而是变化的。部分的变化引起整体性质的变化，反之，整体变化也会引起部分的变化。互依是巴姆哲学的核心概念。部分和整体的概念是相对的，部分之间是互依的、部分和整体是互依的，整体和整体之间也是互相依赖的，形成一个分层的整体。有机整体是指"除了与其部分相对立的整体，与其整体相对

① 〔美〕阿尔奇·J. 巴姆：《有机哲学与世界哲学》，江苏省社会科学院哲学研究所巴姆比较哲学研究室编译，四川人民出版社，1998，第333页。
② 〔美〕阿尔奇·J. 巴姆：《有机哲学与世界哲学》，江苏省社会科学院哲学研究所巴姆比较哲学研究室编译，四川人民出版社，1998，第512页。

立的部分之外，每个存在物还拥有另外一个整体，一个将它的与部分对立的整体、与整体对立的部分以及部分与整体相互补充相互对立都包含在内的整体"①。有机整体不是孤立的，因为它既可以是一个整体的部分，也可以是更大整体的部分，没有绝对的整体和部分。整体具有统一性、完整性，把许多部分统一到一个整体。

巴姆将整体分为：集合的整体、机械的整体、有机的整体。集合的整体等于部分之和。不同集合体的部分的功能和存在之间互不影响，是独立的存在。例如，一筐苹果、一箱梨。机械的整体中的部分之间表现出来的功能是相互依赖的，但是相同部分的替换并不会改变整体的功能，例如，一辆自行车，即使更换了一个新的前轮，作为整体的自行车的功能并没有发生变化。有机的整体表现在功能、存在方面，整体和部分是互依的，部分和整体都在起作用，部分不等于整体。

巴姆认为意识与现象是经验的两个范畴，二者是互依的。"每一突生物都是物质与精神或部分与整体交互作用的产物。"② 精神与物质、灵魂和身体的关系类似整体和部分的关系。精神和灵魂代表整体，物质和身体代表部分。精神与物质也有互依的特性，不能互相还原为对方，物质是最根本的存在。同理，巴姆认为涌现的新事物、新层级、新种类既可以是别的系统的低层级，又可以是较高层级的涌现结果，它们具有有机因果性或者多重因果性，蕴含下向因果关系。另外，巴姆对很多概念的理解都包含有辩证法的思想，例如一与多、整体与部分。

总之，"在形而上学领域，有机哲学经历了三个发展阶段：第一，美国的实用主义阶段。……第二，怀特海的'有机哲学'阶段。……第三阶段，突现主义阶段"③。机体涌现论以生命系统的形式保留和发展了进化涌现论的思想，强调层级性、过程性，突出了整体与部分之间的有机联系，部分通过整体得到表达，但整体会制约部分的发展，蕴含了下向因果关

---

① 〔美〕阿尔奇·J. 巴姆：《有机哲学与世界哲学》，江苏省社会科学院哲学研究所巴姆比较哲学研究室编译，四川人民出版社，1998，第670页。

② 〔美〕阿尔奇·J. 巴姆：《有机哲学与世界哲学》，江苏省社会科学院哲学研究所巴姆比较哲学研究室编译，四川人民出版社，1998，第299页。

③ 黄小寒：《世界视野中的系统哲学》，商务印书馆，2006，第95页。

系。实用主义在神学上摇摆不定，巴姆认为怀特海的机体哲学层级性不充分。怀特海在本体论上是唯物主义的，而在认识论上是唯心主义的，求助于上帝。巴姆哲学更多体现了辩证法思想。所以，机体涌现论还体现在机体的不可还原性上。

三　生成系统涌现论

系统生成涌现集中在系统科学、复杂性科学、认知科学、行为科学中。在系统科学中，涌现作为一种系统属性而出现。但是就涌现产生机制而言，每门学科给予的解释模式是不一致的。在复杂性科学中，涌现意味着复杂性。在认知科学中，离身认知科学、具身认知科学都涉及涌现。

系统科学以系统的方式对世界存在的结构与功能、整体与部分等范畴进行研究。系统科学的涌现性指系统具有而组分在孤立时所没有，组分之间以结构方式相互作用而系统所具有的整体新属性，即"整体才具有、孤立的部分及其总和不具有的特性，称为整体涌现性（或称为突现性）"①。在宇宙中，世界处于一个层级结构中，每一层级的系统都是基于低层级系统或物质相互作用涌现产生的。但是，并不是所有系统都具有涌现性，只有非加和的系统才具有涌现性。另外，具有涌现性质的系统"具有对环境的适应性自稳性、适应性自组织和适应性进化的性质"②。

系统涌现论最早始于对生物学的研究，是对机体论思想的深化和发展，二者都表现出整体的特征，但是还是有差别的。系统科学强调事物的层级、结构和功能研究，以系统的方式对世界存在的结构与功能、整体与部分等范畴进行研究，"它的关键点是解决'涌现'的难题，也就是各类系统中的层次突现问题"③。有机体是作为整体而发挥作用的，是动态的、不断发展的。

20 世纪以来，数学在生物学、行为科学和社会科学领域被广泛应用，20 世纪 50 年代，系统科学家、生物学家贝塔朗菲提出的一般系统论对系

① 许国志主编《系统科学》，上海科技教育出版社，2000，第 20 页。
② 张志林、张华夏主编《系统观念与哲学探索——一种系统主义哲学体系的建构与批评》，中山大学出版社，2003，第 44 页。
③ 黄小寒：《世界视野中的系统哲学》，商务印书馆，2006，第 82 页。

统普遍适用，不考虑系统的种类和性质、其组分的性质，以及系统与组分之间的关系如何，也就是说贝塔朗菲通过寻找"不同层次或领域中有同形的秩序痕迹"①，建立能在不同领域都适用的理论。从这个意义上来说，一般系统论是形式化的科学，旨在将不同学科联系起来。

机体论强调生物体是从原始整体转化为组分的协作，呈现的是组分中心化，强调组分的结构。而机械论强调世界的物质基础，认为所有现象都可以用决定性的因果关系加以解释。贝塔朗菲从理论生物学的角度提出了适用于人类、自然、思维领域的一般系统论。该理论不考虑系统组分的种类，以数学模型为工具而建立，强调必须把有机体当作一个整体或系统来研究，强调系统不仅受自身组分的影响，还受别的组分的制约和影响，组分的结构和层级发生变化，系统的整体属性随之发生变化。复杂系统科学家康宁引入环境因素，认为涌现就是"合作而交互的浩瀚（而且仍在不断扩大）宇宙的一个'子集'，这些交互在自然界和人类社会中产生各种协同效应"②，组分与环境也相互作用，不同组分通过参与整体的协作过程而"被修改、重塑或转化"③，组分与组分、组分与环境的相互作用使得整体呈现出多种属性，涌现过程就是组分相互作用协同产生多种属性的过程。

在系统科学中，涌现论强调系统的整体性、层级性、结构性，涌现已经不再具有神秘性，以科学的身份展现出来，而"贝塔朗菲提出的一般系统论可视为整体论的第一个较为完善的科学范式，复杂性科学被视为21世纪的'整体论科学'"④。复杂性科学体现了世界的复杂性、非线性等特征，主要提供模型、方法来揭示涌现机制、涌现和随附性，在某种程度上，复杂性研究就是探索涌现的生成机制。这些都表明了不仅涌现论的核心概念、研究手段发生了变化，而且科学家和哲学家对待涌现的态度也发生了根本变化，从对涌现现象的静态描述转为对涌现产生机制的关注，从系统

---

① 〔奥〕冯·贝塔兰菲：《一般系统论》，秋同、袁嘉新译，社会科学文献出版社，1987，第40页。

② P. A. Corning, "The Re-Emergence of 'Remergence': A Venerable Concept in Search of a Theory," *Complexity* 7（6）（2002）：23.

③ P. A. Corning, "The Re-Emergence of 'Remergence': A Venerable Concept in Search of a Theory," *Complexity* 7（6）（2002）：24.

④ 刘劲杨：《当代整体论的形式分析》，西南交通大学出版社，2018，第196~197页。

的静态研究转向过程的、动态的研究。

复杂系统的生成指的是系统整体属性受组分的制约，不同学者对生成概念的理解不相同。莫罗维茨（H. Morowitz）认为，生成论和还原论是相对的，生成论是从部分到整体的认识方式，而还原论是从整体到部分的认识方式。英国系统科学家、管理学家斯泰西（R. Stacey）认为生成是实体之间的非线性互动性，在复杂性科学中"实体之间的局部互动能够形成局部乃至全局的有着一致性的模式，而无须任何居于其上或是其下的任何动因"[1]。他从复杂性科学与组织的关系出发依据对自组织、混沌、适应性、涌现等概念的分析，提出"复杂应答过程"（complex responsive processes, CRP）理论，主要揭示个体之间的相互作用如何涌现生成协调一致的模式（组织），体现的是个体之间的关系和模式生成的过程。进一步来讲，这些模式（组织）"是事先不可预测的，……也不需要和不可能有集中的控制。……并不将自己的现有形式的生存看作它的第一需要，而是将自己看作是一种创新突现的表达，而这是在组织中所含有的多样性程度、同一与差异、竞争与合作之间保持特定张力达到临界点时的表现"[2]，体现了组织的不可预测性、适应性、"复杂性、自组织与突现、演化性"[3]。组织是个体（参与者）在局域范围内相互作用生成的在宏观结构上涌现的整体行为模式，主要用于研究个体和社会的关系。斯泰西强调个体之间的互动，对层级分析较少。

可以看出，涌现是复杂系统的显著特征。美国系统科学家霍兰在《涌现：从混沌到有序》中指出，涌现现象出现在生成系统中，各部分之间的相互作用是非线性的，表现出整体大于各部分之和。生成系统是组分不断变化形成的宏观稳定模式，那些存在差别的稳定性体现了涌现，例如大雁排队，群蚁觅食。

---

① R. D. Stacey, *Complexity and Group Processes: A Radically Social Understanding of Individuals* (New York: Brunner – Rouledg, 2003), p. 14.

② 张华夏：《两种系统思想，两种管理理念——兼评斯达西的复杂应答过程理论》，《哲学研究》2007 年第 11 期。

③ R. D. Stacey, D. Griffin, eds., *Complexity and the Experience of Managing in Public Sector Organizations* (Oxon: Routledge, 2006), pp. 7 – 8.

生成系统是复杂涌现的基础，生成也被引入认知科学中，用来研究人类的认知和心智。20 世纪 90 年代，瓦雷拉、汤普森（E. Thompson）、罗施（E. Rosch）"首次将'生成'概念引入认知科学"①，他们认为认知是在生物体和环境互决定的过程中生成的，环境不是给定的而是"由我们结构耦合的历史生成的"。一方面，生成进路在于知觉引导行动，并指向生成的世界，知觉、行动、世界是互相影响的，"知觉与行动、感觉中枢与运动中枢是作为连续的涌现和相互选择的模式而联结在一起的"②。知觉与生成的世界是相容的，因为"知觉是直接的"。另一方面，认知结构是由感知运动循环模式构成，这些模式使得知觉引导行动，感知运动是具身的经验的，是知觉者在生物的、历史的和文化的情景中结构耦合生成的。这两方面在互规定和选择的演化中结合成一个统一体。世界不是预定的，而是大脑、身体、环境通过结构耦合历史生成的。环境发生变化，行动也会发生变化，世界是随机选择的结果。具身认知就是"通过一个可行的结构耦合的历史生成一个世界"③。

另外，社会系统的模型也是生成的。爱普斯坦（Joshua M. Epstein）认为，生成的社会科学是基于计算机的主体模型，说明个体如何从相互作用中自下而上构成社会，旨在为社会系统理论化和模型化提供一个范式。生成社会科学范式"基于主体的方法将社会解释为一种分布式计算设备，进而将社会动力学解释为一种计算类型"④。生成模型为"在相关的空间环境中放置初始的自主异质代理种群；允许他们根据简单的本地规则进行互动，从而从下而上生成——或'增长'成——宏观规律"⑤。但是，爱普斯坦并不认为生成社会模型和涌现是兼容的。

---

① 刘大椿等：《分殊科学哲学史》，中央编译出版社，2017，第 209 页。
② 〔智〕F. 瓦雷拉、〔加〕E. 汤普森、〔美〕E. 罗施：《具身心智：认知科学和人类经验》，李恒威等译，浙江大学出版社，2010，第 131~133 页。
③ 〔智〕F. 瓦雷拉、〔加〕E. 汤普森、〔美〕E. 罗施：《具身心智：认知科学和人类经验》，李恒威等译，浙江大学出版社，2010，第 163~164 页。
④ J. M. Epstein, *Generative Social Science: Studies in Agent - Based Computational Modeling* (*Princeton Studies in Complexity*) (New Jersey: Princeton University Press, 2006), p. 4.
⑤ J. M. Epstein, *Generative Social Science: Studies in Agent - Based Computational Modeling* (*Princeton Studies in Complexity*) (New Jersey: Princeton University Press, 2006), p. 7.

戈尔茨坦（J. Goldstein）认为，涌现有五个特征："（1）标新立异（以前在系统中不能观察到的特征）；（2）连贯性或相关性（指在一段时间内保持自身完整的整体）；（3）全局或宏观'层面'（即，存在'整体性'的某种属性）；（4）是一个动态过程的产物（它在进化）；（5）是'表面的'（它可以被感知）。"① 从系统科学到复杂性科学，涌现已经失去了当初的神秘性，它"既不是一个神秘的概念，也不是对还原论科学的威胁。……根据协同假说，它是由整体产生的协同效应，是自然界复杂性演化的根本原因"②。这些特征不仅保留了刘易斯对涌现概念的原始定义——整体性、不可还原性、质的新颖性，还将宏观和微观系统联系起来凸显涌现的协同性、连续性、动态性、适应性特征。涌现论将生成性、适应性、交互性、动态性、多样性、过程性等融合于事物的发展。在系统科学阶段，系统涌现主要体现的是整体性、交互性。在复杂性科学阶段，复杂涌现主要体现的是个体之间的关系性、生成性、适应性，特别是适应性作为一个明确的系统特征被提出来。生成涌现是在一个生成系统中部分相互作用，再加上环境这个因素，共同进化的结果。"认知的生成取向强调认知、身体与情境的整体不可分性，并指出认知是系统自组织涌现的结果。"③

系统科学从一开始强调系统的整体性、动态性，到之后，强调对事物的层级、结构和功能进行研究，以及对整体与部分等范畴进行研究。贝塔朗菲"在系统科学中首次引入涌现概念"④，而真正探索涌现机制的是复杂性科学。另外，贝塔朗菲的一般系统论强调中心化的个体，主要是为了反对还原论。而复杂性科学是无中心个体以有序和无序结合生成的，是从个体之间的简单规则生成复杂性，即由简入繁，指的是个体之间通过简单的相互作用的规则在宏观层面涌现的一种整体行为。在认知科学中，生成认

① P. A. Corning, "The Re-Emergence of 'Remergence': A Venerable Concept in Search of a Theory," *Complexity* 7 (6) (2002): 22.
② P. A. Corning, "The Re-Emergence of 'Remergence': A Venerable Concept in Search of a Theory," *Complexity* 7 (6) (2002): 28.
③ 张茗：《生成认知——系统哲学分析与神经科学证据》，《系统科学学报》2015年第4期。
④ 苗东升：《系统科学的难题与突破点》，《科技导报》2000年第7期。

知就是大脑、身体与环境相互作用历史地共涌现的结果。

四　整体社会涌现论

人类认识世界的方式从线性转向非线性，经典的因果决定论不断遭到现代科学的挑战，特别是遭到量子力学表现出的非决定性的挑战。复杂现象从自然科学的物理、化学领域逐步延伸到生命、精神和社会领域。社会涌现论将心灵哲学中对涌现的争论引入社会科学中，来解决社会和个体之间的关系问题，作为一种研究社会本质与社会现象的整体论方法将个体和社会联系起来了，融合了社会科学中的个体主义和整体主义，为研究人类社会提供了一个视角。

个体主义和整体主义之争在社会科学中不断得到发展。本体论的个体主义认为个体是社会的基础，社会本质上是个体的集合。整体主义则认为社会是整体的，整体决定个体，不是个体的简单相加，具有个体所不具有的属性。简单来说，社会涌现论认为个体是基础，将社会和个体看成两个不同层级，社会属于较高层级，个体属于较低层级，社会由个体相互作用涌现而成，具有不可还原的特点。社会涌现的属性有宏观层级属性和对个体产生约束的属性。所以，有时候社会涌现论被称为是"非还原论的整体主义"。例如，死亡率、出生率、GDP、国民经济增长率等，都是从宏观领域把握社会的整体属性。而社会规章制度、社会政治制度等上层建筑是通过对个体的约束彰显社会属性的，也属于一种社会涌现。社会涌现论主要代表人物有索耶、社会科学家哈耶克（F. A. Hayek）。

索耶基于心灵哲学和复杂性科学中的研究成果，提出社会涌现论，他的社会涌现论基于三个主张：一是社会属性是在个体上体现出来的，二是社会属性具有不可还原性，三是社会属性对个体产生影响。根据第一点和第二点，索耶的社会涌现论是强意义上的涌现论。社会涌现论是否有社会因果作用？也就是说，一个社会事件能否对另一个社会事件或者个体产生影响或者作用？如果社会事件能对另一个社会事件产生影响，那么，它就具有宏观层级因果关系。社会事件对个体产生的影响被称为下向因果作用。索耶认为社会事件作为一个独立的因素影响别的社会事件，并对个体产生影响，他称这种关系为社会涌现的因果随附论，主要体现为社会因果与个体相关，社会涌现属性具有不可还原到个体的特征。一方面，他认为宏观层级现象之间的因果关系不受个体的影响。例如，"七七事变"激起中国人民维护主权、奋起抗战。另一方面，他认为"宏观结构产生于个体的行为和相互作用，而一旦个体行为和相互作用出现，这些结构就会约束或影响这些个体未来的行为和相互作用"①，即宏观层级现象能对微观个体产生影响。例如，"七七事变"能够作为一个独立的宏观事件对每个人产生影响。

另外，索耶认为社会是分层级的，在层级上也表现出涌现性。每个独立的层级具有因果力。社会涌现论探讨集体现象或群体现象是如何在个体的社会交往或相互作用过程中产生的。索耶用涌现论整合了社会科学中方法论的个体主义和整体主义，基于层级性提出了社会实在的社会涌现论。索耶认为，社会实在有五个层级，从低到高依次为个体→相互作用→瞬时涌现→稳定涌现→社会结构；个体是社会涌现的基本单元，每一个较高层级都会对个体产生下向因果作用力，每个层级之间也是整体涌现的；较高层级建立在较低层级上，但较高层级的涌现属性不能还原到较低层级上，具有不可还原性。

索耶基于多主体模拟系统论证了个体之间的相互交流是涌现的根本原因，将相互作用看作一个层级，相互作用就是个体之间相互交流的涌现。不仅"相互作用是社会涌现范式的核心"②，而且"相互作用层级是解释社会宏观—微观结构之间如何发生关系的重要环节"③。更为重要的是，"社会涌现论保留了社会文化学家所期望的优势：它与对情境实践的关注是一致的，它与对相互作用的动态关注是一致的，它强调社会和个人持续的辩证相互关系"④。

---

① R. K. Sawyer, *Social Emergence*：*Society as Complex Systems*（New York：Cambridge University Press，2005），p. 168.

② R. K. Sawyer, *Social Emergence*：*Society as Complex Systems*（New York：Cambridge University Press，2005），p. 107.

③ 磨胤伶：《超越社会科学方法论二元对立的新尝试——对索耶社会突现论的研究》，《天府新论》2019 年第 3 期。

④ R. K. Sawyer, *Social Emergence*：*Society as Complex Systems*（New York：Cambridge University Press，2005），p. 144.

索耶利用复杂性科学中的多主体系统建立社会涌现机制的模型，认为对人工社会进行模拟是解释社会涌现的最好方法，例如，建构交流语言模型。他认为，人工社会主要关注社会涌现的三个方面：微观到宏观的涌现、宏观到微观的社会因果关系以及社会涌现和社会因果关系之间的辩证关系。人工社会模型主要涉及社会结构的涌现和规范的涌现。但是，索耶将涌现论引入社会科学中，在个体和社会相互影响方面遇到了许多问题，比如，心身关系的研究是否适应于社会领域，社会因果关系中的下向因果关系解释模型是否充分等。

哈耶克更多地使用自发秩序（spontaneous order），同样表达了社会科学中的涌现性，但对涌现秩序一词使用不多。涌现指"某些部分的结构化安排可能拥有任何孤立的部分所不具备的性质，而不管相关的结构是如何形成的"，涌现不考虑结构过程，只注重整体属性；而自发秩序"属于一种过程或机制，通过这个过程或机制，相关的部分被安排起来，从而形成作为涌现力量的整体"①。涌现行为是人的行动而非人类设计的结果。他认为"社会结构和人都是涌现实体"②，具有不可还原性和因果性。

在人类的认知领域，他使用的是关系秩序概念。他认为心智是神经元之间结构的关系秩序，人类认知是神经纤维之间的关系结构，心理现象"是人类大脑中神经元组织结构的涌现特性"③。"涌现的力量，它只被一个特定的整体——人脑中神经元的层级有序排列——所拥有，而不是被那些孤立的或作为一个非结构化的集合或群体的神经元所拥有。"④

哈耶克提出社会涌现秩序，认为微观行为主体是无法预知无数微观行为相互作用涌现的宏观秩序，进一步证明了社会文化因素包括道德、习

---

① D. A. Harper, A. M. Endres, "The Anatomy of Emergence, with a Focus Upon Capital Formation," *Journal of Economic Behavior & Organization* 82（2－3）（2012）：364.

② P. Lewis, "Emergent Properties in The Work of Friedrich Hayek," *Journal of Economic Behavior & Organization* 82（2－3）（2012）：376.

③ P. Lewis, "Emergent Properties in The Work of Friedrich Hayek," *Journal of Economic Behavior & Organization* 82（2－3）（2012）：372－373.

④ P. Lewis, "Emergent Properties in The Work of Friedrich Hayek," *Journal of Economic Behavior & Organization* 82（2－3）（2012）：372.

俗、法律，"是从大量微观个体的行为之相互作用中涌现出来的自发秩序"①，而且"由较低层次涌现出来的秩序，常常不可简约，也就是无法用较低层次的规律来解释"②。这意味着我们不能用统计方法解释涌现秩序，因为统计方法无法体现涌现的不可预测性，"但真正代表涌现秩序的往往是个别的活动"③。德国社会学家、哲学家齐美尔持不同观点，认为个体和社会都是涌现的，社会是相互作用的个人的总和，"社会和个人没有垂直高低层次之分，而是在同一个层面上的两种观察角度所掌握出来的单一整体，而这两个单一整体都突现自同一种相互作用"④。个体之间相互作用既涌现了社会，又同时涌现了自我。哈耶克的社会涌现秩序更多地基于本体论和涌现的层级概念而提出。他认为个体之间的相互作用涌现出社会规则，而社会规则可以对个体产生一种约束——下向因果力。

另外，在经济学中，资本模式也具有涌现性，特别是在进化经济学中，涌现现象很普遍。比如，新产品、新技术、新经济模式等。在哈珀（D. A. Harper）和恩德雷斯（A. M. Endres）看来，资本涌现具体是指"资本结构中不同层次的系统属性对该结构中较低层次要素的构成和组织方式的依赖"⑤，这些组成要素相互作用涌现出系统具有而其组分没有的整体属性。而资本模式如果是多中心的，具有无计划性，具有不可直接可见性，那么这个资本模式就是自发秩序而不是涌现的。他们进一步对比了涌现资本模式和自发资本模式（见表2-1）。在他们看来，自发秩序解释范围更广，适合解释静态同一层级的资本现象，而涌现在解释多层级资本结构、动态结构方面会更适合。

五　不可分离性量子涌现论

量子涌现论主要是指量子力学的整体论。量子纠缠是量子力学现象，

---

① 汪丁丁：《行为社会科学基本问题》，上海人民出版社，2017，第103页。
② 汪丁丁：《行为社会科学基本问题》，上海人民出版社，2017，第287页。
③ 汪丁丁：《经济学思想史进阶讲义——逻辑与历史的冲突和统一》，上海人民出版社，2015，第287页。
④ 郑作彧：《齐美尔社会学理论中的突现论意涵》，《广东社会科学》2019年第6期。
⑤ D. A. Harper, A. M. Endres, "The Anatomy of Emergence, With a Focus Upon Capital Formation," *Journal of Economic Behavior & Organization* 82 (2-3) (2012): 363.

1935 年由爱因斯坦、波多尔斯基和罗森（Einstein, Podolsky and Rosen）提出的一种波，指的是多个量子系统之间的强关联，具有非定域性、非经典性。量子纠缠反映了由两个或两个以上粒子组成一系统，它们之间相互作用的现象。简单来说，量子纠缠"即两个处于纠缠态的粒子无论相距多远，都能'感知'和影响对方的状态"①。纠缠态是多体系量子态的最普遍形式。简言之，纠缠态就是两个及以上子系统的量子态不可以写成子系统的量子态的直积形式，不能分解为各个子系统的量子态的张量积。量子纠缠主要表现出不同于经典粒子的特性：非局域性、不可分离性、整体性。

表 2 - 1　涌现资本模式和自发资本模式的系统论比较②

	涌现资本模式	自发资本模式
组分 [C (x)]	n≥2，其中 n 是资本模式中元素的最小数量，在 n 中交换，元素集（通过替换、添加、删除）引起资本模式的变化	n 是大量数目 资本模式可以随着 n 的变化而持续存在，贯穿元素的替代、增/减过程
环境 [E (x)]	代理行为可能由具体的、与目的相关的规则来填充（例如，确定人员角色、目的和所用手段的具体指示）	框架必须包括适用于所有或大量代理类别的抽象和最终独立的社会规则（例如，财产、侵权和合同的普通规则）
结构 [S (x)]	至少是中等复杂的 结构可能是短暂的：特定元素（记号）和元素类型之间的连接可能经历连续的变化	极其复杂的 在面对外部变化时保持足够稳定的内部一致性
机制（形成过程）[M (x)]	审慎的组装或自组装 由此产生的资本模式可以是有意的或无意的、终端依赖或终端独立的	自组装（特别是"看不见的手"的运作过程） 由此产生的资本模式是无意的和终端独立的，因为没有外部机构指导其组装

理论物理学家认为，量子力学是涌现性的，是通过量子系统的纠缠和不可分离性刻画的。量子纠缠体现量子系统部分相互作用的整体性，不可分离性体现了量子整体属性不可还原到系统部分的属性。20 世纪 90 年代末，汉弗莱斯依据本体论的层级概念，以量子纠缠为范式，构建了量子力学中的融合（fusion）涌现论。他认为是具有量子纠缠性质的组分之间相互

① 东雍：《东雍解物理学中的佛法智慧》，巴蜀书社，2017，第 110 页。

② D. A. Harper, A. M. Endres, "The Anatomy of Emergence, With a Focus Upon Capital Formation," *Journal of Economic Behavior & Organization* 82 (2 - 3) (2012): 364.

作用产生了融合涌现。然而，在克瑞兹（F. M. Kronz）和梯恩（J. T. Tiehen）看来，量子力学的涌现性在于量子系统的不可分离性，且有不同的表现方式，主要方式有量子纠缠态的不可分离性和哈密顿函数本身的不可分离性。

汉弗莱斯、克瑞兹和梯恩从不同方面刻画了量子系统整体涌现性。霍特曼（A. Hüttmann）将还原分为共时微观还原和历时微观还原，共时微观还原是指在某一确定的时刻，复合系统的态可以用组分的态来解释；而历时微观还原是指处于某时刻 t 的复合系统的态可以根据该时刻之前的另一时刻 t_0 的组合系统的态和该系统的动力学来解释，而这些复合系统的动力学又可以根据其部分的动力学来解释。他认为量子纠缠导致共时微观还原的失败，但量子涌现和历时微观还原是兼容的，认为量子力学并不完全是整体性的，存在某种程度上的还原，从而反驳了克瑞兹和梯恩的量子整体论观点。

特别是持量子力学整体论观点的科学家，认为消相干理论进一步证实了量子涌现论。消相干理论最初是由莫特（N. Mott）提出，主要研究环境和物理系统之间的影响，在 20 世纪 70 年代得到重视，不断得到发展，主要代表人物有察（H. D. Zeh）和苏如克（W. H. Zurek）。该理论与量子整体论和量子涌现论有关，主要代表人物有斯劳思哈瓦（M. Schlosshauer）、维恩斯坦（S. Weinstein）。支持消相干理论证实量子涌现论的学者普遍认为，日常世界的经典属性与消相干是相关的，消相干理论认为经典世界是量子世界的涌现，其结论"能被用以解释日常世界里经典性质"[①] 的涌现。该理论认为宏观领域同样也是纠缠和消相干的。但是由于量子整体论者将微观世界的整体性无限扩展到宏观领域，也遭到物理学家的反对。例如，埃斯费德（M. Esfeld）从"意向态的认识论自足"角度证明量子整体论不适合宏观领域的研究，只适用于微观世界。维恩斯坦认为在一个随机的世界里，微观世界的子系统和宏观世界的子系统是不可区分、无法分辨的，没有所谓的经典属性的涌现，消相干理论并不能解释和说明经典性的涌现。

---

① 楼超权、沈健：《物理学哲学研究》，武汉大学出版社，2012，第 192 页。

量子力学学者将意识现象看成一种量子现象,将心理和物理的事物通过量子联系起来,旨在使意识得到理论物理学——量子纠缠态的支持。简言之,量子意识论就是在生物学基础上用量子力学来研究意识产生机制。例如,彭罗斯(R. Penrose)和哈梅洛夫(S. Hameroff)提出的微管说。该理论认为意识是神经元微管中量子引力的结果,通过量子塌缩效应解释意识。美国物理学家斯塔普认为有心理实体和物理实体两种实体,二者相互作用;量子力学本质上是一种研究基本的心理物理规律的理论,也被称为"量子相互作用二元论"。他认为意识过程是许多神经发放模式塌缩成一种量子态的过程,实际上也是意识行为随机选择创造行为的过程。

微管说虽然证明了意识的物质性基础,但由于没有经验上的证实和完备的解释机制,遭到诟病。斯塔普不幸又滑向二元论,似乎走上了笛卡尔二元论的老路子。"量子力学的创立,使一部分物理学家们断定,解决意识之谜的钥匙就握在量子力学的手中,量子物理学作为物理学的基础理论,它不仅仅能够解释微观领域中各类自然现象,而且能够解释意识的产生和作用。"[①] 每种理论都有使用边界,量子力学能解决微观物理学的原子结合问题,但是无法解释宏观世界的关系属性。至于能否用量子力学解释意识现象,目前还没有统一看法。但量子涌现论的出现,使得意识的自然主义解释者坚信心智和意识的解释会像量子力学一样,也是涌现的。可以说,量子涌现是在微观粒子层级对心智和意识涌现现象的解释。

概言之,无论是进化涌现论、机体涌现论、系统生成涌现论、社会涌现论还是量子涌现论,均体现了一般涌现论的整体性、新颖性、不可还原性、不可预测性、层级性特征,有的涌现论具有下向因果关系、随附性等哲学意蕴。随着心灵哲学、神经科学、认知科学的发展,涌现论在人类社会、人类认知或心智等领域再一次得到重视,并得到发展。

---

① 吴胜锋:《量子力学与当代心灵哲学中的二元论》,《科学技术哲学研究》2019年第4期。

第三节　认知涌现论的特征

虽然涌现是自然界的普遍现象，但涌现论与认知科学相结合是在 20 世纪 70 年代以后。"在 1979 年认知科学学会的第一次会议上，许多我们的心智能力可能是涌现现象的观点并不突出，但它在那个时候开始出现。"[①] 随着认知科学对心身问题研究的深入，认知涌现论不仅具有一般涌现论的特点，还带有自身的特色，通过认知科学的不同范式，诸如符号主义、联结主义、具身认知、生成认知、情境认知等刻画出来，并对意识涌现论产生了深刻影响。显然，认知科学的发展促进了认知涌现论的形成。

一　物质性

本体论的唯物主义作为认知涌现论产生的基础。前文论及的亚历山大、巴姆、索耶、哈耶克的涌现论思想都是基于物质或实在建立的。例如，哈耶克认为，社会涌现秩序是行为主体相互作用涌现的自发秩序。前述各种类型的涌现论也是如此，认知科学的各种研究范式也证明了这一点，即认知过程是层级涌现的过程——从亚符号到符号的涌现，也是知识从内隐到外显的过程。符号主义认为符号就是认知的基本单位，认知就是符号计算，符号主义涌现就是亚符号相互作用涌现个体智能的过程。联结主义认为认知活动是大脑神经元的活动，不是一组符号计算，智能就是以神经元为单元相互作用的整体涌现。比如，霍普菲尔德（J. Hopfield）提出的霍普菲尔德神经网络模型就是一种循环神经网络，用来模拟学习过程，从输出到输入均有反馈连接，每一个神经元与所有其他神经元相互连接，构成全互联网络。"由于系统的网络构造，当所有参与的'神经元'达到相互满意状态时，将自发地涌现一种全局协作。"[②] 每个神经元表征一

---

① J. L. Mcclelland, "Emergence in Cognitive Science," *Topics in Cognitive Science* 2 (4) (2010): 755.

② 〔智〕F. 瓦雷拉、〔加〕E. 汤普森、〔美〕E. 罗施：《具身心智：认知科学和人类经验》，李恒威等译，浙江大学出版社，2010，第 71~72 页。

部分信息，只有通过神经元之间分布式综合的整体效果才能表达出一种知识。例如，人体中神经系统的记忆、学习等智能行为和表现，都是神经元相互作用而产生的涌现现象。

本体论的唯物主义认为物质存在是唯一的存在，包括物质的实体、状态、过程、属性。就心理现象和物理现象而言，心理现象能"根据物质的实体、状态和过程来描述和解释"①。物质不仅指的是客观现象，还指"人体组织的和人体组织中的物质属性和过程"②。具身认知研究范式将大脑、身体和环境统一起来，将主体作为认知的元素与客观环境统一起来，实现了主客体的统一，这些认知单元在相互作用这个实践的基础上，将物理现象和心理现象统一起来，"承认两种性质都在同样的意义上是实在的，亦即都体现了主客体的统一"③。

认知涌现论坚持物质的本体论地位，一方面与宗教神学划清了界限，避免本体论的唯心主义倾向；另一方面，从哲学的意义上赋予涌现论实在性地位，强调心理现象对物理基础的依赖性，为科学研究认知涌现论进行有力的辩护。涌现论经过复杂性科学、认知科学的实证研究，增加了经验的内容和祛魅的判据。

二 交互性

表示交互性的术语有耦合、相互作用。耦合是科技用语，这个概念来源于物理学，是指两个或者两个以上的元件或者实体通过相互作用，进行能量的交换和传播，例如，电路耦合、电阻耦合等，在电子学、物理学、计算机科学中应用广泛。

耦合强调各部分或各子系统之间的依赖性、协调性和动态性，表达的是系统的整体性结果。耦合有不同的分类法，从时间维度来划分，可以分为静态耦合和动态耦合；按照系统的组分种类来分，有同质耦合和异质耦

---

① 〔英〕罗姆·哈瑞：《认知科学哲学导论》，魏屹东译，上海科技教育出版社，2006，第76页。

② 〔英〕罗姆·哈瑞：《认知科学哲学导论》，魏屹东译，上海科技教育出版社，2006，第77页。

③ 罗嘉昌：《当代哲学中的物质观》，《自然辩证法通讯》1985年第5期。

合。耦合在社会科学、生态系统、认知科学中都有应用，例如，瓦雷拉用耦合表示行动者与环境的关系。

"interaction" 译为交互性或者相互作用，交互一词主要用于计算机领域，交互过程是一个输入和输出的动态过程，例如，人机交互。传统人机交互的工具是电脑显示器、键盘等。虚拟世界交互工具呈现多元化，如特殊头盔、数据手套等传感器设备。在认知科学中，不仅有具身认知表征——大脑、身体和环境的交互作用，还有实现更智能化的技术为人服务的人机交互，它们是一种特殊的具身认知模式。

相互作用是物理学概念，目前，科学界普遍认为物质之间存在四种相互作用，即强相互作用、电磁相互作用、弱相互作用、引力相互作用，引力相互作用最弱。事物之间的相互作用存在物质、能量和信息的传递和交换。相互作用至少涉及两种物质，物质之间彼此影响、作用，这种影响、作用是双向运动而非单向运动。"通常都是通过相互传递或相互交换其组成部分而实现的，即通过相互传递或相互交换它们所具有的物质能量或信息而实现的。"[1] 恩格斯肯定了相互作用在物质发展中的根本作用，"相互作用是事物的真正的终极原因。我们不能追溯到比对这个相互作用的认识更远的地方，因为正是在它背后没有什么要认识的了"[2]。相互作用也是分析和研究物质运动、物质之间因果关系的起点和基础，"只有从这种普遍的相互作用出发，我们才能认识现实的因果关系"[3]。贝塔朗菲认为"现代科学的特征是在单向因果律中活动的可隔离的单位的概念已经不够用了。因此在一切科学领域出现的诸如全体、整体、有机体、格式塔（形态）等概念都说明我们终究必须按相互作用的元素的系统来思考"[4]。然而，刘劲杨认为"所谓相互作用，是指若干元素（P）相互联系与作用产生了新的联系（R），产生整体新质，以致任一个要素 p 在 R 中的行为不同于它在另

---

① 张华夏：《因果性究竟是什么？》，《中山大学学报》（社会科学版）1992 年第 1 期。
② 恩格斯：《自然辩证法》，人民出版社，1971，第 209 页。
③ 《马克思恩格斯选集》第 3 卷，人民出版社，2012，第 920 页。
④ 〔奥〕冯·贝塔兰菲：《一般系统论》，秋同、袁嘉新译，社会科学文献出版社，1987，第 37 页。

一关系 R′ 中的行为"①。

在复杂性科学中，非线性系统的相互作用是涌现的根源，同样，相互作用也是自组织系统的生成动力。"涌现现象是以相互作用为中心的，它比单个行为的简单累加要复杂得多"②，复杂系统加入正负反馈也可以实现相互作用，实际上是引入与系统相关的语境或条件，对系统产生作用。孤立的组分没有发生相互作用的联系，是不会产生涌现现象的，只有非线性的、非加和的复杂系统才会产生涌现现象。

霍兰认为"涌现首先是一种具有耦合性的前后关联的相互作用"③。相互作用是涌现产生的根源，没有相互联系的系统是独立的系统，不是复杂系统。同样，在认知科学中，无论是离身认知科学，还是具身认知科学，认知涌现论要么是亚符号或神经元相互作用的整体涌现，要么是大脑、身体和环境相互作用的整体涌现。无论是耦合还是相互作用都表达了认知过程的交互性，交互性是认知涌现论的基本表现，交互性表明了认知过程至少是两个认知基本单元相互作用。另外，认知基本单元之间如果不发生交互作用，是不会有涌现现象发生的。

交互性作为认知涌现论的基本动力。认知涌现论的交互性表现为物—物、心—物、心—身—物—环境之间的交互作用或结构耦合。符号主义侧重大脑功能的模拟，认为认知就是对一堆物理符号的操作，认知是符号之间相互作用的整体涌现的结果，单独的符号不是心智，只有符号之间相互作用才会产生认知或心智。联结主义模型是对人脑结构的模拟，实际上是人脑功能的一种简化，主张认知或智能本质上是大量单一神经元之间相互作用的整体涌现的结果，单个的神经元不会产生知识。具身心智观认为心智的产生不是抽象的符号加工，而是在身体、心智与环境的交互作用的整体背景中产生的，强调认知依赖于身体和世界的相互作用、彼此适应组成的环境，人类认知和这个大环境相互演化、不断生成，所以，在

---

① 刘劲杨：《哲学视野中的复杂性》，湖南科学技术出版社，2008，第 142 页。

② 〔美〕约翰·霍兰：《涌现：从混沌到有序》，陈禹等译，上海科学技术出版社，2006，第143 页。

③ 〔美〕约翰·霍兰：《涌现：从混沌到有序》，陈禹等译，上海科学技术出版社，2006，第124 页。

某种意义上，"具身心智被认为是大脑作为一个自组织的复杂系统的一种涌现能力"①。

三　生成性

生成指生长、长成、自然形成等，也有创生、创造之义，指事物是动态发展的，从部分发展中来认识整体的属性，从时间序列上来看，不能还原为生成物之前的存在物，生成物都是现存事物的过去、现在、未来，"它的含义仅仅存在于语境之中，具有一种被包含的内在性"②，与简化或者还原相对立。认知基本单元之间的相互作用引起了整体的生成。并非所有由部分组成的整体都是生成的，只有那种非加和的、非线性的整体才具有生成性。例如，由无数自行车零件组装而成的自行车，就不具有生成性，因为自行车是单个零件的组合，是构成性整体。生成性强调部分之间的相互作用或者自创生性，整体是部分在生成过程中的展开。黄欣荣在《涌现生成方法：复杂组织的生成条件分析》一文中指出，复杂系统的生成条件包括生成主体、非线性相互作用、自组织、受限生成、环境策略五个方面，并进行了详细的论述。简而言之，受一定规则限制的、具有适应性的生成主体与环境相互作用产生复杂系统的涌现现象。

生成认知认为认知和心智是在大脑、身体与环境相互作用的过程中生成的，强调行动者的自治性、生成性，"而不是预定的输入—输出的任务结构"③。生成认知将主体作为一个认知基本单元，与大脑、环境相互作用参与世界生成过程。生成就是创造，"创造的意义在于它摆脱了必然性的'可预测性'以及目的论的主观'预成性'，表现为绝对新元素的涌现"④。人类知识就是在主体客体相互作用或者统一于实践的过程中产生的，相互作用的过程就是生成、创造的过程。

---

① K. Mainzer, "The Emergence of Mind and Brain: An Evolutionary, Computational, and Philosophical Approach," *Progress in Brain Research* 168 (2007): 115.
② 方向红：《生成与解构：德里达早期现象学批判疏论》，商务印书馆，2019，第33页。
③ 〔加〕E. 汤普森：《生命中的心智：生物学、现象学和心智科学》，李恒威、李恒熙、徐燕译，浙江大学出版社，2013，第44页。
④ 王理平：《差异与绵延——柏格森哲学及其当代命运》，人民出版社，2007，第37页。

生成性作为认知涌现论的内在机制。生成主义最初由瓦雷拉、汤普森和罗施在《具身心智：认知科学和人类经验》一书中引入，它基于具身心智兼有生物学和现象学的两重性发展而来，承认生命和心智之间的连续性。人类所获得的知识或经验是在自身嵌入的经验世界中不断循环、彼此适应、相互演化和不断生成的。因此，"生成进路建立在这个'涌现'观念之上，但将它重新表述为'动力学共涌现'，在其中部分与整体共同涌现并且彼此规定对方"① 不断生成，个体与环境是互相适应、共涌现的，例如身体知觉的产生过程。这意味着认知者通过涌现来唤醒意识，将其脑结构在活生生的历史维度之中展开，即认知者在一个大脑、身体和环境结构耦合的整体历史中生成了一个世界。身体知觉连接了生物学和现象学，身体知觉和行动形成了互惠因果作用的双向过程，即从局部到全局的上向因果和从全局到局部的下向因果的双向作用产生了认知活动。因此，涌现是在个体、心智、环境共决定的生成系统中展开的。

四　整体适应性

整体适应性作为认知涌现论的内生动力。认知的基本元素不仅是生成的、相互作用的，而且表现出整体适应性。适应性原为生物学中带有普遍性的概念，是物种在自然选择压力下表现出的一种性能，表现为生物体与环境相互适应。

适应性表现为普遍性和相对性。普遍性表现为生物在进化方向上普遍去适应自然环境。但是，当环境发生变化，生物来不及做出改变，有时候也会呈现出不适应，所以，在这个意义上，适应性表现为相对性。相对性表现为适宜的环境发生变化时，适应性特征会阻碍生物的生存。例如，高地上生存的鹅很少接近水，使得蹼失去了适应的功能。相对性产生的原因有很多种，主要是"遗传基础（基因等）的稳定性、多效性和环境条件的变化相互作用的结果"② 。比如，气候的变化引起植物的变化。在生态学

① 〔智〕F. 瓦雷拉、〔加〕E. 汤普森、〔美〕E. 罗施：《具身心智：认知科学和人类经验》，李恒威等译，浙江大学出版社，2010，第51页。
② 李难编著《进化论教程》，高等教育出版社，1990，第286页。

中，生物的应激行为表现为适应。

适应性反映了生物与环境的关系，是生物在进化中适应环境而表现出来的一种现象。适应是生物与环境相互作用、互相制约而达到的一种满意状态，可以是一种过程，可以是一种结果。例如，人兴奋的时候，会刺激多巴胺的分泌，这是适应的过程，而动植物的保护色就是一种结果。

就复杂系统而言，适应性造就复杂性。适应性行为不仅是系统组分之间、系统与环境之间的整体表现，而且是生成主体通过相互作用表现出适应性特征。霍兰提出复杂适应系统理论，认为生成元为适应性主体，主体可以是一个也可以是多个，适应性主体具有自主性、主动性，能与其他主体、环境相互作用，根据外界环境的变化调整自己，表现出适应性特征来维持和保持自我存在。但是，主体的选择受一定的规则限制。适应性主体赋予涌现论本体论地位，涌现并非无端无源发生，有自己的本体基础。有适应性主体意味着也有不适应的主体，不能适应其他主体和环境的这些主体不能维持自我，会湮灭、消失。所以，涌现是系统的整体属性，各组分之间是相互决定和选择的。

在认知科学中，适应性是认知基本单元相互作用的结果，也是认知主体根据外界条件进行选择和学习的结果。认知主体是"有生命的植物、动物和人类，也可以是无生命的智能机"[①]。离身认知是神经元之间相互作用表现出整体适应性的结果。具身认知是大脑、身体和环境相互作用的适应性行为。"具身认知和嵌入认知——在一个不断交互的环境中，身体系统表现出适应性行为。"[②]生成认知"不仅强调生物主体的自主性，更突出其自主适应性和保持其系统的完整性和稳定性。认知就是生物主体在适应性相互作用中建构意义的过程"[③]。"适应性体现了自主性和调节性，表征体

---

① 魏屹东：《适应性表征：架构自然认知与人工认知的统一范畴》，《哲学研究》2019 年第 9 期。

② A. Stephan, "The Dual Role of 'Emergence' in The Philosophy of Mind and in Cognitive Science," *Synthese* 151（2006）: 494.

③ 魏屹东：《适应性表征：架构自然认知与人工认知的统一范畴》，《哲学研究》2019 年第 9 期。

现了意向性和中介性，这些特征均是作为智能主体必须具有的，否则，就不能表现出智能行为。"①认知基本单元之间的相互作用本身就是适应性的表现。

离身认知范式和具身认知范式都体现了适应性特征，适应性作为各种认知范式的共性"能够合理地说明认知在语境中的形成与演化机制"②。比如，联结主义认为认知就是神经元之间相互作用涌现的结果，是分布式并行加工的，通过学习调节节点之间联结的权重值就可以实现，这个过程就是适应性过程。具身认知表现的是心智、身体和环境之间的一种适应性操作。生成认知是认知主体的心智、身体与外部世界在时空中相互协调、相互适应整体涌现的结果。所以，无论是离身的机器智能模拟，还是具身的生物体智能，都共同地表现出整体适应性特征。从一个更深远的意义上来说，适应性就是"只要一个主体，人或机器，能够在变化的环境中不断调整自己的行为，最终找到要发现的目标，或者解决了所要解决的问题"③。

总之，认知科学从最初的符号主义到具身生成主义，经历了从内部的机器模拟转向心、身、环境的内部—外部相结合，改变了笛卡尔以来心身分离的局面。认知科学范式的更迭体现了认知涌现论的本体实在性、交互性、生成性、整体适应性等特征。

---

① 魏屹东：《适应性表征：架构自然认知与人工认知的统一范畴》，《哲学研究》2019 年第 9 期。
② 魏屹东：《适应性表征：架构自然认知与人工认知的统一范畴》，《哲学研究》2019 年第 9 期。
③ 魏屹东：《适应性表征是人工智能发展的关键》，《人民论坛·学术前沿》2019 年第 21 期。

第三章 认知涌现论的工作假设
与主要论题

从前述对认知涌现论的分析来看，并非所有相互作用的物质都会产生涌现现象，涌现论有自己的产生条件。通过对其在各门学科中的特征进行分析，在总结认知涌现论的含义、类型与特征的基础上，我们进一步探索认知涌现论的工作假设，将涌现论与认知科学中的主要研究范式和核心论题相结合，形成认知涌现论的主要论题，并在离身认知科学和具身认知科学的论题、强涌现和弱涌现的论题和因果关系的论题三个方面展开，主要内容如下。

第一节 认知涌现论的工作假设

一 心—物连续性原则

认知是近现代的一个议题，但是"实际上，可以以'灵魂–认知'思想的演进为脉络，将近现代的认识论或认知议题同古老的灵魂问题勾连起来，重新思考近代认知论转向的深层缘由"①。灵魂观可以被视作对心身问题的最初探讨，对认知问题的讨论就是在新背景下考虑心身问题。从古希腊开始，对心身问题的讨论以各种形式在各个领域得到展开，心身关系在古希腊表现为灵魂和身体的关系，在中世纪宗教哲学中表现为上帝和万物的关系——理性服从信仰，对心身问题的讨论在近代哲学以来以笛卡尔肇

---

① 黄传根：《亚里士多德"灵魂–认知"理论研究》，《哲学研究》2017 年第 1 期。

始的心身二元论为代表。随着各门学科的不断独立，以及横断科学的发展，对心身问题的探讨在科学视野下取得了进一步的发展，特别是在神经科学、认知科学、心理学和脑科学领域中得到深化和"荡涤"。世界在去魅化，心身问题不再神秘难测，对心身问题的讨论远离了上帝、神的启示，走向科学化道路。

灵魂观从对努斯或者心灵的讨论开始。古希腊朴素唯物主义哲学家、原子唯物论的思想先驱阿那克萨戈拉（公元前 500 年至公元前 428 年）最早提出心灵的概念，即"努斯"，著有《论自然》，其中一些重要部分被保留下来。他是第一个把"心灵"理解为独立的、纯粹的精神力量的人。他提出"努斯说"。"努斯"，希腊文为 nous，译为心灵，后引申为理性、理智。"努斯"被苏格拉底、柏拉图、黑格尔看作精神的实体，他们将"努斯"变成了唯心主义的术语。阿那克萨戈拉认为世界由无数种子组成。这些种子无限多、不灭不变，其形式、颜色和气味有很多类型，在外力"努斯"的作用下不断结合和分离形成万物，他的学说蕴含整体和部分的思想。在他看来，"努斯"也即"心灵"或者"理性""理智"，是独立存在的，是永恒存在的，是万物生成的法则，是万物最后的动因，能安排万物的过去、现在和将来的一切，具有超越性，能超越时空。阿那克萨戈拉的努斯思想其实包含辩证法思想，隐含了心物分离的二元论，最终陷入唯心主义，并对柏拉图和亚里士多德产生了深刻的影响。

柏拉图认为灵魂先于肉体而存在。人的存在由灵魂和肉体组成，二者是独立存在的实体，人的肉体死亡后，灵魂不会死亡。柏拉图的"回忆说"论证了灵魂先于肉体而存在，认为知识在人出生前就已经存在，存在于灵魂中，人出生后，通过后天的学习来回忆之前存在的知识。在亚里士多德看来，灵魂和身体的关系就是形式和质料的关系，形式说明灵魂只存在于活的、有生命的物质中，灵魂对身体有着内在的本质联系，灵魂依赖身体推动生命活动，是身体运动和生死的原因。

近代以来，在现代自然科学和人文主义的影响下，法国著名的哲学家、科学家笛卡尔提出了著名的心身二元论，认为身体和心灵是两个不同的实体，二者互不影响，各自独立运行。他认为心灵和身体通过松果体散发出的生命精气来相互作用，这里的心身的相互作用是通过某种中介实现的，这对认知科学中的层级划分尤为重要。

哲学家和科学家对笛卡尔的心身二元论进行了旷日持久的争论，无论是站在唯心主义还是唯物主义的立场，其目的都是消解二者的对立，但是都没有给出令人满意的答案。心身关系在认知科学中表现为心智和物质、心理现象和物理现象的关系。认知科学是一门综合的交叉学科，旨在科学地对认知和心智进行研究。特别是，认知科学离身认知范式的研究方法——程序式的、计算的心智，并未解决心身问题，还产生了新的问题，即作为计算的心智和有机体的心智之间的关系问题，这一问题可以总结为："1. 现象学的'心-身'问题：脑是如何拥有体验的？2. 计算的'心-身'问题：脑如何完成推理的？3. '心-心'问题：计算状态和体验之间是什么关系？"① 这些新问题构成了认知科学哲学的核心问题：认知和心智的机制是什么？认知和神经生物基础或者心理现象和物理现象有关联吗？二者关系如何？

离身认知科学认为认知就是计算和表征，是在心身分离的条件下、对生物体官能分析的基础上研究认知和心智，在某种程度上没有化解反而让意识和自然的问题加剧了。具身认知科学将认知主体作为认知基本单元，在主体客体统一的基础上研究认知机制，认为认知是大脑、身体和环境相互作用共涌现的产物。所以，认知涌现论将心理现象和物理现象联系起来，首要的核心假设是承认心物是连续性的，这是研究的根本所在。

解决心身问题根本在于将心身统一于某一基底——生命体，在这个基底上实现二者的关联。生命体既是认知的主体，又是认知产生的生物学基础，将生命体作为基底解决了二者的统一性问题，实际上就是回答和解决了心身问题。所以，哲学家和科学家对生命本质的解答是对当代心身问题探讨的深化和推进。生命在不同的语境中，意义是不同的。"对现象学而言，生命存在是活的主体性；对生物学而言，它是有机体。"②生命体的特殊性为统一心身关系、心理现象和物理现象搭建了桥梁，从根本上否定传

---

① 〔加〕E. 汤普森：《生命中的心智：生物学、现象学和心智科学》，李恒威、李恒熙、徐燕译，浙江大学出版社，2013，第6页。
② 〔加〕E. 汤普森：《生命中的心智：生物学、现象学和心智科学》，李恒威、李恒熙、徐燕译，浙江大学出版社，2013，第73页。

统哲学认为"生命与意识之间存在一个根本的断裂"① 的论断。

认知涌现论认为心物之间是连续的，将生理的和心理的两个层级联系起来，为科学解释二者的关系提供了可能。要想将二者统一起来，"就应包含确立从最低层次到最高层次的一个连续的说明链条"②。特别是神经科学、脑科学的发展，为心理层级和物理层级的关联提供了科学论据。

二　层级原则

生命本质上是以层级形式存在的。这种观点最早可以追溯到亚里士多德，他认为上帝是最高的存在，生命系统是以层级形式呈现的，作为一个复杂系统，"生命复杂系统的生成始于层次生成"③，生命系统包括生理层级和心理层级，"人作为复杂系统，最重要的层次之间相互独立性与相关性，就是生理层次与心理层次相互独立性与相关性"④。

英国哲学家、数学家罗素为了解决反身自指导致的逻辑悖论，区分了不同类型的层级，为了解决集合论悖论，提出了著名的简单类型论。罗素用逻辑形式进行表达，在形式化体系中，$x \in y$ 是合式的，当且仅当 y 的类型必须高于 x，不在同一类型中，不可以互相替换，x 表示个体或元素，y 表示集合。在罗素看来，集合和概念应该是分层级的，其基本思想如下：

第 0 级表示个体，即 x，不是集合；

第 1 级是由第 0 级的个体组成的集合；

第 2 级是由第 0 级和第 1 级组成的集合；

第 n 级是由第 0，1，2，……n−1 级组成的集合。

罗素用数学的形式对层级进行定义，按照分类区分层级，低层级的类是高层级的类的基础。高层级的类包含低层级的类。罗素对类的区分是抽象的形式化，可以消除逻辑悖论，不能消除语义悖论，层级具有包含性。

蔡曙山认为人类的认知和心智是按照神经认知、心理认知、语言认

---

① 费多益：《心身关系问题研究》，商务印书馆，2018，第 127 页。
② 〔美〕P. S. 丘奇兰德：《神经科学对哲学的重要意义》，景键译，《哲学译丛》1989 年第 4 期。
③ 陈红、倪策平：《生命复杂性的层次性解读》，《自然辩证法通讯》2015 年第 5 期。
④ 陈红、倪策平：《生命复杂性的层次性解读》，《自然辩证法通讯》2015 年第 5 期。

知、思维认知、文化认知五个层级依次进化的，"低层级的认知是高层级认知的基础，高层级的认知向下包含并影响低层级的认知"①。另外，层级是实在的，"是客观事物的一种固有属性"②，就一具体的事物而言，"不仅它的质是多层次，表现质的属性和现象也是多层次的；不仅它的内容是多层次的，而且它的形式也是层次的。层次不是人为地强加给客观事物的，而是反映客观事物的形态、结构、属性及其发展过程多样性的哲学范畴"③。

同样，层级理论在生物学、人类社会普遍存在。1943 年，马斯洛（A. H. Maslow）在《人类动机理论》一书中，提出人类需求五个层级理论，从低到高依次为生理需要、安全需要、社会需要、尊重需要和自我实现需要。马斯洛认为每个时期人的需求是不同的，总有一个层级需求占主导地位，任何一个低层级需求不会因为高层级需求的出现而消失，只是不居于主导地位，对行为的影响变小。各个层级之间相互依赖。但是，他忽视了社会因素和人的能动性。

巴特曼（R. W. Batterman）指出涌现有个两个假设："第一个假设是，世界是以某种方式划分为不同层级。……第二个假设是，层级应该用整体来理解，换句话说，某一层级的整体性质是由该整体的基本部分及其各种特征构成的。"④ 他根据部分和整体的关系来定义层级，指出世界是以层级的形式存在的。可以看出，层级是研究认知涌现论的基础，有必要对层级进行讨论。

20 世纪 60 年代以后，层级理论在复杂系统中得到发展，主要特点有：一是"分层嵌套原理。复杂性构造是分等级、分层次的"，每个等级的层级都是嵌套式的；二是"稳定性原理"，指的是各层级具有相对稳定性；三是"涌现差异原理"，指的是层级涌现是不同性质层级按照

---

① 蔡曙山：《人类认知的五个层级和高阶认知》，《科学中国人》2016 年第 4 期。
② 唐建荣、傅国华：《层次哲学与分层次管理研究》，《管理学报》2017 年第 3 期。
③ 郭海云：《"层次"应该成为哲学的一个范畴》，《西北民族大学学报》（哲学社会科学版）1984 年第 4 期。
④ R. W. Batterman, *The Devil in the Detail，Asymptotic Reasoning in Explanation，Reduction and Emergence*（Oxford：Oxford University Press，2002），p.114.

一定的序列涌现的；四是"短程作用原理"；五是"等级反比原理"，层级越高系统的复杂性越强。① 层级原理的这些特征决定层级具有涌现性，即层级之间是相互作用的，低层级为高层级提供基础，高层级对低层级有制约和约束作用，高层级和低层级的关系、作用、规律都不相同，具有不可还原性。

涌现论研究层级之间的关系，层级是涌现的基础条件。涌现性只能在高层级显现出来，层级是"涌现得以显现的场所和条件"②。霍兰同样认为层级对于理解涌现十分重要，"如果错误地解释'层次'，就会忽视涌现现象，固执地认为涌现的观念无关紧要，以致抹煞了层次概念的必要性和有用性"，另外，认为涌现是不能认识的，就是忽视了层级概念，以至于"走向另一个极端，把涌现当作一个无法分析的浑然一体的对象，根本无法还原为一些更基本的东西"。③ 所以，层级是认知涌现的基础，也是研究涌现论的起点。

三　语境依赖原则

认知涌现论是认知基本单元在不同的背景下相互作用产生的整体效果。从不同维度展开，会有不同的意义。涌现论与进化论相结合，形成进化涌现论；与机体论相结合，形成机体涌现论。在计算机模拟中，认知是一种计算和表征，是亚符号或者神经元相互作用的涌现。而在属人世界中，认知是大脑、身体和环境相互作用共涌现的结果。实际上，"心智不仅根植于大脑的模块化组织中，它还体现在特定的环境中"。所以，低层级的认知基本单元不同，反映了认知研究的范式也是不同的。认知基本单元的结构、环境不同，认知的结果也不同，如果前者发生变化，后者会随之发生变化。由此可见，认知意义的表达是语境依赖的，语境不同，认知的结果也会不同。我们对认知进行全面的研究，"必须要做的是系统的和语境的研究，把大脑当作身体的一个组成部分，把身体本身当作它的环境

---

① 刘劲杨：《哲学视野中的复杂性》，湖南科学技术出版社，2008，第 138~163 页。
② 刘劲杨：《哲学视野中的复杂性》，湖南科学技术出版社，2008，第 139 页。
③ 〔美〕约翰·霍兰：《涌现：从混沌到有序》，陈禹等译，上海科学技术出版社，2006，第 193 页。

的一个组成部分"①。

就心理现象和物理现象而言，心理属性解释依赖物理基础，生理物理的基础是心理现象产生的必要条件，但是并不是充分必要条件，心理属性的描述还需要偶然条件为充分条件，才能实现在物理层级的解释。偶然语境是由心理属性或者高层级来决定的，所以，对于物理层级而言，高层级的属性、结构和功能是语境化的，是语境涌现的。

在认知科学，无论是离身认知科学，还是具身认知科学中，单独的认知基本单元是不会产生认知的，认知是语境依赖的。就符号主义而言，单独的一个字符不能形成认知，认知是一组有关联的符号相互作用的涌现结果。具身认知既受微观生理物理基础的影响，又受外部环境的影响，在大脑、身体和环境结构耦合中历史地生成，是历时的、共涌现的。无论是否涉身，认知都是在一定的环境中展开和形成的。

另外，语境对于消除符号主义带来的模糊性有着重要的意义，意义的表达也是语境依赖的。认知是在特定的逻辑推理和具体的环境下涌现的整体属性。即使是同一客体引起的心理现象，认知主体不同，心理现象也会不同，心理属性规定的偶然条件就不同。例如，离开特定的语境条件，我们谈论氢原子和氧原子是没有实际意义的，只有在谈论水分子的时候，二者组合和结构才有具体的意义。在日常经验中，主体指向的客体是语境化的客体，具有相对性，所以，语境生成的意义也是相对的。

物理主义认为所有的心理现象都可以还原到物理、化学层级进行解释，整个世界是统一的，统一于物理世界，忽略了心理现象的自主性和语境依赖性，语境依赖意味着心理现象不能还原到生理物理层级来解释，具有相对的自主性。语境是动态的和变化的，表明认知也是历时的、动态的，同时认知也是具体的和生成的。"心智并非完全由存在于大脑的神经元过程构成，而是在各种条件和依赖性（物理的、化学的、生物的、神经的、社会文化的）构成的全球网络中被整合，并在全球网络的基础上存在

---

① R. Poczobut, "Contextual Emergence and Its Applications in Philosophy of Mind and Cognitive Science," *Roczniki Filozoficzne* 66 (3) (2018): 143.

和发展。"① 人类认识世界的方式从对客体的关注转向对主体和客体关系的关注，认知结构发生变化。事物之间的关系本身就是语境化的，脱离语境的物质是没有意义的。

第二节　离身与具身的论题

20 世纪 60 年代以来，认知科学旨在研究认知的本质，涌现论和认知科学的主题相结合，与认知科学范式相对应，形成了离身认知涌现论和具身认知涌现论。离身认知涌现论认为认知是一堆符号相互作用的涌现，具身认知涌现论认为认知是具身的，是在心智、身体、大脑和环境相互作用中涌现的，强调了身体在认知中的作用。离身认知涌现论向具身认知涌现论转变的主要原因是前者认为人类认知是计算机功能的模拟，忽略了意义的表达、人的自主性等因素，后者将这些因素考虑进来，克服了前者的局限。

一　离身认知科学的论题

离身认知科学是对笛卡尔心智观念的继续，在笛卡尔看来，人的本质是思维能力，而思维是离身的，对心智的理解，无需肉身的任何生理基础。"笛卡尔创立了心智表征理论——第一代认知科学基本上继承了这一观点。"② 符号主义和联结主义得益人工智能和认知心理学的发展，但无论是符号主义、联结主义还是行为主义都脱离身体在心身分离的情况下研究人类的认知，无论是对大脑还是对神经网络系统、生命现象的揭示，本质上都是计算主义，没有脱离认知是表征的研究框架。

（一）计算表征的符号主义

符号主义（Symbolism）认为认知就是计算，以西蒙（H. A. Simon）和纽厄尔（A. Newell）为代表，在 20 世纪 50 年代末期到 80 年代初期颇为盛

---

① R. Poczobut, "Contextual Emergence and Its Applications in Philosophy of Mind and Cognitive Science," *Roczniki Filozoficzne* 66（3）（2018）：143.
② 〔美〕乔治·莱考夫、〔美〕马克·约翰逊：《肉身哲学：亲身心智及其向西方思想的挑战》（二），李葆嘉等译，世界图书出版有限公司北京分公司，2018，第 436 页。

行。在古希腊时期，医学家希波克拉底（Hippocrates）将疾病"症候"当作符号（sign），他被称为"符号学之父"。在公元 2 世纪，盖伦（C. Galenus）写了《符号学》（*Semiotcs*）一书，他使用的概念"semiotcs"与皮尔士（C. S. Peirce，1839 ~ 1914）提出的符号学一词一致。在近代，符号学被应用到语言学领域，最早提出符号学的是瑞士语言学家索绪尔（Ferdinand de Saussure，1857 ~ 1913）的《普通语言学教程》（1916）一书，他认为语言学是符号学（semiologie）的一个分支，语言是表达思想的符号系统，将符号分为能指和所指两个不可分割的部分，二者的关系实际上是符号的形式和符号的意义二者之间的关系，只有将二者整体运用时符号才有意义，但是，他将符号系统和外部世界隔离，静态地研究二元关系。而美国语言学家和实用主义创始人皮尔士在实用主义和逻辑学的基础上提出符号三分法思想，认为符号是由符号形体、符号对象和符号解释三项构成，这三者体现为能指和对象之间的表征关系，解释项会不断延伸新的符号。在他看来，符号就是代表或者能表现其他事物的东西，每一种思想就是一个符号，思想之间是相互关联、互相影响的，那么符号也是动态变化的。可以看出，索绪尔和皮尔士都将符号的主体隐含了，前者还将客体隐含了，进一步加剧了心身二元分离的问题。莫里斯（C. W. Morris，1901 ~ 1979）对皮尔士的符号理论进行了发展，在《符号理论基础》（1938）一书中将符号学分为符形学、符义学和符用学三个部分，其符号学思想对现代符号学影响深远。在 20 世纪 70 年代之后，除了索绪尔和皮尔士的用法 semiotcs、semiologie 之外，还可以用 significs、symbolics、semiology、semeiology 等表示符号学，符号学在社会学、艺术学、人工智能和传播学等领域应用广泛，并取得了很大的发展。符号学和人工智能相结合，形成了认知科学中的符号主义，符号主义以数理逻辑为基础，以物理符号系统假设和有限合理性为基础原理，采用符号的形式化操作系统计算人类的认知。

总体上来说，符号主义认为计算机具有类似人的智能，人类认知活动就是对符号加工过程的描述，用计算机来模拟人类认知活动，实际上，人类的认知就是对符号的逻辑计算，主张从形式化研究人类的智能，不考虑操作的物理基础和意义。根据符号变换规则，实行符号串之间的变换，认知就是这些物理符号系统的加工和运算，使得人类智能具有像数学一样的系统化、形式化的特点，符号主义"继承了图灵测试的衣钵"①，是一种自然主义研究纲领。

在西蒙和纽厄尔看来，计算机和大脑就是物理符号系统，而"物理符号系统是表现智能行为的必要和充分条件"②。例如，汉字、英文字母等都是物理符号，对符号操作的过程，就是对符号对比和区分的过程。物理符号系统有输入符号、输出符号、存储符号、复制符号、建立符号结构和条件性转移6个功能，若一个系统同时具备以上6个功能，那么该系统是智能的。"任何能够将某些物理模式或符号转化成其他模式或符号的系统都有可能产生智能的行为，符号主义学派之名也由此而来"③，但符号主义忽视了非逻辑推理在人类认知中的作用。

符号主义认为计算是串行的，是全局表征，认知是思维方式的变化。专家系统的出现，使得符号主义在人工智能领域取得了重大的成功。计算机可以通过"专家系统"预先设计，采取自上而下的设计方式，认知活动是"只在符号表征中运行的程序，而抛开了人类身体与物理环境，视认知系统为自主的、无身的和无世界的表征转换机器"④。就符号主义而言，它认为认知的基本单元是符号。但是"符号不是物理的实体，而是这一实体所排列的模式。这样，符号便可以与较低水平的物理机构及其物理实现过程区分开来。由于符号的存在形式是一种模式，而不是具体的物体，因此完全不同的物理机构可以表达相同的符号和符号结构"⑤。所以，符号主义方法上采用的是还原主义的策略，对人类认知和智能进行计算机模拟，人类认知就是一组符号规则的变换和运算，进行形式化的计算加工，人类认知成了共时的，是微观因果决定的，没有时间维度的演变过程。符号仅仅是人类认知的载体，承担了认知的功能。

---

① 王天一：《人工智能革命：历史、当下与未来》，北京时代华文书局，2017，第23页。
② 李德毅、杜鹢：《不确定性人工智能》，国防工业出版社，2005，第32页。
③ 王天一：《人工智能革命：历史、当下与未来》，北京时代华文书局，2017，第24页。
④ 刘大椿等：《分殊科学哲学史》，中央编译出版社，2017，第223页。
⑤ 朱新明、李亦菲：《架设人与计算机的桥梁：西蒙的认知与管理心理学》，湖北教育出版社，2000，第65页。

符号主义是符号之间相互作用产生的结果，无论这些符号是串行加工还是平行加工，"如果符号根据它们的内容相互作用，那只是因为符号是由形式属性决定的"①，而这些形式与外部世界无关。在符号主义看来，认知过程就是计算机的推理过程，这种推理过程具有因果关系。实际上，符号主义造成了物理层级和心理层级的分离，也就是维维尔（G. Van de Vijver）做了两个层级的划分，即作为物理层级，"符号结构被视为一种涌现的实在，即大脑潜在微观结构的自组织动力学的结果"，另一个是类似感受质的层面，即"感官世界的定性结构问题——具有形式、事物、事件、过程和原子事实的现象世界，它们有质的结构、可以被感知理解并用语言描述"。在维维尔看来，意义自然化后，要处理的是"符号认知层面上的意义和现象层面上的意义之间的关系"②，形式化方法对认知现象的解释，需要在物理基础上来实现。

另外，福多认为，认知就是表征和计算，但是这些形式化方式很难处理日常语言、情感和意志等意识经验的问题。符号主义不考虑认知的物质载体，忽略了认知的生物学基础有机体、人的自主性和主体性，以及外部环境对认知的影响，无法真正说明认知的起源和发生机制。它也有积极的意义，"物理符号系统假设把符号和符号结构与它们借以实现的物理基础区分开来。此外，物理符号系统假设还排除了心身沿不同路线并行的二元论的观点"③。

（二）分布式的联结主义

20世纪80年代以后，联结主义（Connectionism）再次兴起，以仿生学为基础对大脑的神经系统结构进行模拟，旨在建立人工神经网络模型，其代表人物是麦卡洛克（W. S. McCulloch）和皮茨（W. A. Pitts）。联结主义认为大脑是认知的基础，掌握了大脑的结构和运行机制，就能揭示人类

---

① G. Vijver, "The Relation Between Causality and Explanation in Emergentist Naturalistic Theories of Cognition," *Behavioural Processes* 35（1-3）（1995）：289.
② G. Vijver, "The Relation Between Causality and Explanation in Emergentist Naturalistic Theories of Cognition," *Behavioural Processes* 35（1）（1995）：290.
③ 朱新明、李亦菲：《架设人与计算机的桥梁：西蒙的认知与管理心理学》，湖北教育出版社，2000，第67页。

认知的奥秘。所以，联结主义者旨在用计算机模拟人脑的结构和大脑的信息处理本质。早在 20 世纪 40 年代，麦卡洛克和皮茨根据神经元生物学工作原理，建立了类神经元的计算模型——M－P 模型（麦卡洛克—皮茨模型），开启了人工神经网络计算的时代。到 60 年代，得益于人工神经细胞模型与计算机的结合，美国神经学家罗森布拉特（F. Rosenblatt）在 M－P 模型和赫布学习规则的基础上于 1957 年发明了感知机（又称"人工神经元""朴素感知机"），它是一种具有学习功能的单层感知机，解决了 M－P 模型中权重的计算难题。感知机主要有感受神经网络的输入层、中枢神经网络的联系层和效应神经网络的输出层三个层级，是二分类的线性分类模型。在数学上，它使用特征向量来表示前馈式人工神经网络。感知机由于是对神经元网络复杂机构的模拟，实际上是亚符号系统。1969 年，两位科学家明斯基（M. Minksy）和派珀特（S. Papert）合著的《感知机》一书出版，他们认为，单层感知机无法处理异或线性不可分的问题，以及计算机的计算无法满足神经网络需要的大量运算的需求。联结主义进入低迷时期。80 年代，计算机科学的发展，特别是摩尔定律和反向传播算法的提出，使联结主义再次兴盛。

联结主义以神经生物学为基础，认为大脑是智能产生的基础而非符号，认知的基本单元是神经元，对人类大脑结构进行人工神经网络的模拟，旨在建立联结主义的大脑工作模式。联结主义关注的是网络结构和学习方法，认为网络基本单元构成相互联结的类似大脑结构的网络结构，各个节点协同工作构成一个复杂的网络体系。处于激活状态时，节点之间并行分布，系统的结果会随着节点之间联结的权重变化而变化，由于是并行分布，即使有个别节点不能工作，也不会影响输出结果。节点类似于人脑的神经元，权重通过学习算法来计算。联结主义是在输入层、隐藏层和输出层三个层级展开的，可以被激活的单元是输入层，输入层将信号传给隐藏层，隐藏层又将信号传给输出层。输入单元激活程度由网络联结权重来决定。

与符号主义不同，联结主义采用自下而上的方式，强调局部表征，认为人类认知是不断进化的，是相互连接的大量神经元之间协同作用的结果，"对生物神经元的一种形式化描述，它对生物神经元的信息处理过程进行抽象，并用数学语言予以描述；对生物神经元的结构和功能进行模拟，并用模型图予以表达"①，在模式识别、计算机视觉等领域应用广泛。目前，神经网络结构模型有霍普菲尔德神经网络模型、以多层感知机为主的脑模型等，通过学习调整网络结构，改变输出值，处理要解决的问题。

联结主义对大脑结构进行人工模拟，是"通过大量突触相互动态联系着的众多神经元协同作用来完成的"②，认知是神经元之间相互作用的整体状态的涌现，是相互作用的神经元之间并行分布式加工，也是单独的神经元所不具有的属性，"这种'涌现'既是一种整体的行为，同时强调个体神经元的行为与作用"③，同样，联结主义具有自学习能力，能根据环境不断学习，处理多变的信息，表现出很强的适应性。在神经网络中，认知就是通过网络加权参数值的变化和这些模型的连续性来实现的。

虽然，符号主义和联结主义都是对人类认知和心智的功能模拟，是离身的认知模式，都是形式化的处理方法，但二者有明显的区别。符号主义从静态考虑认知的思维方式，而联结主义从动态角度模拟大脑的工作机制，是非线性的、交互性的。二者都不能对人类认知起源进行说明，是黑箱操作，是对人类官能某种功能的模拟，忽视认知是依赖主体性和有意义的经验世界。

（三）主体与环境相互作用的行为主义

行为主义（Actionism）以控制论为基础，也称控制论学派，综合自控理论、生物学、计算机等学科，从生物化学角度对人的行为进行模拟，认为人类的智能行为是人类与环境相互作用产生的，取决于"感知—行动"及其对环境的适应性，"并不来源于自上而下的复杂设计，而是来源于自下而上的与环境的互动"④，人类的认知和智能不需要符号表征和推理，智能行为是进化的，只能发生在主体和环境相互作用的过程中。行为主义采用自下而上的模式，不仅关注智能，而且关注生命的整个系统和生命现象。行为主义的算法以霍兰的遗传算法和肯尼迪（J. Kennedy）的粒子群

---

① 仇德辉：《情感机器人》，台海出版社，2018，第 8 页。
② 王天一：《人工智能革命：历史、当下与未来》，北京时代华文局，2017，第 23 页。
③ 仇德辉：《情感机器人》，台海出版社，2018，第 19 页。
④ 王天一：《人工智能革命：历史、当下与未来》，北京时代华文局，2017，第 28 页。

优化算法为代表，目的在于实现最优化，智能行为就是对亚符号的处理过程。行为主义的基本观点如下："（1）知识的形式化表达和模型化方法是人工智能的重要障碍之一；（2）智能取决于感知和行动，应直接利用机器对环境作用后，以环境对作用的响应为原型；（3）智能行为只能体现在现实世界中，通过与周围环境交互而表现出来；（4）人工智能可以像人类智能一样逐步进化，分阶段发展和增强。"①

行为主义代表之一布鲁克斯（R. A. Brooks）将心理学和人工智能结合起来，认为机器智能就是一种行为，行为通过与周围环境的相互作用而感知和行动的，因此，智能是不需要推理和表征的，生命行为是智能主体与环境相互作用表现出来的。他基于感知—行动的模式研制出六足行走机器人，体现了行为模块对周围环境做出的适应性行为。行为主义不能对人类的内省思维、情感、动机等进行模拟，是不完备的，同样，行为主义模拟的仅仅是简单行为系统，是否适用于复杂行为系统，都是值得怀疑的。但是，布鲁克斯将人类智能对大脑结构构造的研究转向对于人类行为的研究，从对人类神经系统的内部结构研究转向对于人类行为和外部因素的研究，将环境因素作为人类认知的元素具有积极意义。在行为主义的影响下，人们进一步对机器人的自主性进行了深化和扩展，智能机器人的出现特别是人工生命研究受到关注。

人工生命（artificial life）研究，狭义上来讲，就是用计算机系统模拟自然生命系统，在人工系统的基础上模拟生物行为、特征，基于系统科学、计算机技术和信息科学的发展，在20世纪80年代兴起。从广义上讲，人工生命的主要研究包括两类：一类是在计算机科学领域进行虚拟或者模拟生命行为，另一类是涉及基因工程技术，人工改造的生物系统。因此，人工生命的媒介可以是基于计算机系统的模拟行为，可以是基于机器的人工创造物，也可以是基于生物化学材料的人工创造物。我们研究的人工生命主要是指狭义的。

兰顿（C. Langton）在冯·诺依曼（John von Neumann）的元胞自动机（cellular automata）理论和康韦（J. Conway）设计的"生命游戏"程序的

---

① 李长青主编《人工智能》，中国矿业大学出版社，2006，第16页。

基础上，将"混沌边缘"的元胞自动机规则和人类智能联系起来，认为生命源于混沌的边缘，于 1987 年在首届人工生命学术会议上提出人工生命的概念。在他看来，人工生命是用计算机、精密机械等人工媒体所构造出的能生成自然生物系统特有行为的模拟系统，这里的"特有行为"包括自组织行为，即构成部分之间相互作用产生的涌现行为，还包括学习行为——生物进化过程中的适应性的自学习行为及其传播行为，二者合称为自治生成行为。

人工生命采用非生物的形式探索人类或者动物等的生命和心智的本质和进化等，赋予人工系统一些遗传、进化和繁殖等生命特征的属性，采用形式化模式研究生命现象，生命的特征在于其行为而非物质性。"所谓的生命或者智能实际上是从微观单元的相互作用而产生的宏观属性，这些微观单元既然可以是蛋白质分子，为什么不能是二进制符号形成的代码段呢？人工生命的研究思路正是通过模拟的形式在计算机数码世界中产生类似现实世界的涌现。"① 人工生命认为生命是进化的，是一组简单规则相互作用产生的自下而上的分布式的整体涌现，重视环境对生命的作用和影响。人工生命和人工智能都是计算机科学的一个分支，主要对自然生命现象进行研究，但是人工生命重在利用计算机模拟人类或者动物，甚至其他生物的行为，研究这些行为的生成机制、自适应性和复杂行为的涌现机理，体现了涌现结构会随着时间而不断变化。人工智能运用计算机对于人类智能或者心智进行模拟，核心在脑结构或者神经网络。

学者对于人工生命持有不同的观点。强人工生命者认为生命的进化过程可以使用任何媒介来实现。弱人工生命者认为，生命过程是碳基生成过程，要探索生命生成机制。人工生命的总体特征为：预设生命是一个复杂系统，生物行为可以在非碳基物质上实现；人工生命是由许多具有简单行为的个体组成；个体与个体之间相互作用；整个人工生命系统是个体之间历时涌现的整体结果，不是全局控制过程。从人工生命的观点来看，生命就是一种类似于计算机的算法，从本质上来看，生命是可计算的，"意识

---

① 王天一：《人工智能革命：历史、当下与未来》，北京时代华文书局，2017，第 29 页。

是一种伴随状态"①，"人类智能是在具备自繁衍、自组织、自适应等特点的系统中通过突变、不断进化所涌现出来的，意识以伴随的状态栖息在由分布系统执行的机器般的功能之上"②。人工生命基于个体的简单规则，是去中心化的或者无中心化的，个体之间相互作用产生整体涌现行为。"突现是人工生命的突出特征。"③ 人工生命的研究策略为化学、生物学提供了模型，促进人类对于生命本质的探索。再者，人工生命本质上是采用形式化模式研究生命行为，融入了环境和个体的影响及其二者之间的动态性，蕴含了人类认知是涉身的、语境化的，为认知科学从离身向具身转向奠定了基础。

（四）关于离身认知涌现论的思考

符号主义、联结主义和行为主义都主张对人类认知和心智的模拟，认为认知是计算机的物理过程，没有社会性，只能按照人类的控制和设计进行程序化的运作，没有主体性和人类的意识。就心理过程和物理过程而言，这三种范式都是在将二者分离的前提下研究人类的认知，造成"宏观与微观隔离。一方面是哲学、认知科学、思维科学和心理学等学科研究的智能层次太高、太抽象；另一方面是人工智能逻辑符号、神经网络和行为主义研究的智能层次太低"④。

符号主义从功能上进行模拟，注重抽象思维，联结主义从结构上进行模拟，注重形象思维，而行为主义注重人类的行为控制，三者都是从局部研究人类认知和心智，使用计算机模拟人类智能，是在心身分离的基础上进行模拟的，忽视认知现象的整体性——认知现象是大脑、身体和环境共同作用的结果；忽视人的自主性，"完全形式化的计算机是无语境的，这种计算机不可能拥有心灵，心灵是语境化的"⑤。符号主义、联结主义和行

---

① 〔美〕凯瑟琳·海勒：《我们何以成为后人类：文学、信息科学和控制论中的虚拟身体》，刘宇清译，北京大学出版社，2017，第 320 页。
② 王颖吉、卫琳聪：《智能源于生命：人工生命的实践与观念》，《媒介批评》第 8 辑，2018。
③ 李建会：《人工生命：探索新的生命形式》，《自然辩证法研究》2001 年第 7 期。
④ 中国信息协会质量分会组织编写《信息化管理人员培训通用教程》，知识产权出版社，2017，第 139 页。
⑤ 魏屹东：《语境论与科学哲学的重建》下册，北京师范大学出版社，2012，第 458 页。

为主义在不同层级的操作方式见表3-1所示。

表3-1　符号主义、联结主义和行为主义的异同对比①

	符号主义	联结主义	行为主义
认识层次	离散	连续	连续
表示层次	符号	连接	行动
求解层次	自顶向下	由底向上	由底向上
处理层次	串行	并行	并行
操作层次	推理	映射	交互
体系层次	局部	分布	分布
基础层次	逻辑	模拟	直觉判断

　　符号主义、联结主义、行为主义本质上都认为认知是计算的、表征的，遵循一定的逻辑规则，属于认知主义的框架。认知主义将大脑比作计算机的软件，认为认知和心智过程就是符号的计算，"计算机的计算操作由硬件物质系统所'实现'（realized），但是一个计算过程却能够'实现'在不同的物质系统当中。这个计算过程不能等同为或者还原为晶体管的电子流动"，具有不可还原性。认知主义造成"符号与意义之间的分离，或者说，语言与对语言的理解之间的分离。这就意味着一个符号与所指之间的关系，从此不再内含于符号自身当中，而是由其他外植性的关系所赋予。这个外植性关系一般依赖于这个符号怎样被使用它的主体（或者系统）所理解"②，认知和心智只是一堆虚拟的符号，没有意义和内容。不同主体可能赋予符号不同的意义，让科学家和哲学家原本统一的初衷更加模糊、凌乱不堪。

　　符号主义依据符号规则，自上向下，从抽象程度高的层级开始到具体事物的低层级，实行的是串行连接。联结主义采用分布式方法改变了符号主义的定位规则，认为认知和心智依赖神经元的构成模式是神经元相互作用的整体涌现结果，是产生作用的神经元状态的全局结果，即使丢失部分

---

① 张汝波、刘冠群、吴俊伟主编《计算智能基础》，哈尔滨工程大学出版社，2013，第6页。
② 李海燕：《光与色：从笛卡尔到梅洛-庞蒂》，四川人民出版社，2018，第78页。

信息，也不会改变整体结果。联结主义使得大脑智能的模拟更灵活，但是换汤不换药，同样是对官能的模拟。但是，通过计算机模拟认知过程面临庞大的计算量，这在实际操作上具有多大的可行性，值得深思。就本质而言，联结主义并没有比符号主义高明很多，依旧是离身的，只不过它认为神经元的运行规则是自下而上的，但仍然没有摆脱心智是表征和计算的框架。符号主义采用物理符号系统，联结主义采用亚符号范式，符号"所表征的是直觉经验以及尚未结晶或升华为用语言表达出来的概念"①，是形式化的、抽象的表征。联结主义和行为主义采用的都是自下而上的方式，进行分布式连接。二者也有明显的区别，联结主义以神经元为认知基本单位，行为主义考虑外部环境对认知的影响，认为认知是行为和环境相互作用的结果，是对生物体行为的模拟。

总的来说，这一时期认知涌现论的认知基本单元从单一元素到多元元素，它将外部条件引入认知系统，以形式化的方式研究人类智能。从对人类思维模式的思考转向对大脑结构的研究，进而将人和环境作为认知的基本单元，这些变化反映了科学家和哲学家对人类认知和心智的思维方式的转变，开始从功能模拟走向对人的主体的思考。

总之，离身认知科学认为认知是在精确的形式规则上操作抽象符号的活动，身体类似于计算机，只是认知的载体，物理载体并不能改变认知的形式和结果，这是离身式的思维方式，认知是在"物理的（physical），符号的（smbolic）和语义的（semantic）"②三个层级进行说明。认知主义"抽象出人类智能实现的一般形式，并将之具体化为可实现的技术路径，就有可能模拟人类智能自然进化抽象过程和社会生成的历史机制"③。从哲学角度来看，离身认知科学是笛卡尔心身分离二元论的继续，将人类的认知和身体分离，采用纯符号进行表征，认为认知本质是计算。这种建立人类认知统一原则的普遍形式，剥离思维的主体和环境的影响，那么，"人

---

① 叶浩生主编《西方心理学研究新进展》，人民教育出版社，2003，第366页。
② 刘晓力：《交互隐喻与涉身哲学——认知科学新进路的哲学基础》，《哲学研究》2005年第10期。
③ 涂良川：《因果推断证成强人工智能的哲学叙事》，《哲学研究》2020年第12期。

的思维与意识如何在人工智能时代突显能动性、主体性和自由性的重要问题"①，是具身认知科学不得不面对的。

二 具身认知科学的论题

认知科学从科学的角度研究认知、心智和意识，而且随着神经科学、认知心理学的发展，感受质、意识经验或意识现象等主体性概念引起认知科学家的重视，他们逐渐将这些论题和神经科学结合起来，所以，"同时阐明意识的主观性（subjectivity）及其神经生物学基础的研究纲领"② 成为当代认知科学的新的生长点和焦点。受存在主义哲学家海德格尔（M. Heidegger）的"在世之在"的存在论哲学和知觉现象学家梅洛·庞蒂（M. Merleau-Ponty）的"身体—主体"思想的影响，认知科学逐渐将身体置于认知系统中，强调认知是在身体、大脑和外部世界的相互作用中发生的。例如，生成主义以神经现象学为基础，通过生物体将意识现象和大脑的神经基础联系起来，为解决离身认知科学的二元分离的困难提供了可能。

具身认知是大脑、身体和环境相互作用的整体涌现。认知是具身的、生成的，身体是认知的基本单元，而不是认知的主体。"认知的基本单元应当是大脑—身体—环境的耦合体，其理论目标是说明认知主体如何参与不同情境并以何种特殊方式与环境进行积极主动的交互。"③ 主要从以下方面进行展开。

（一）认知动力主义

20 世纪 90 年代，离身认知科学由于不能解决人的意向性、主体性等问题而受到质疑。动力主义认为人类许多知识不是通过形式化程序就可以描述的，是大脑和身体、环境随着时间的变化而不断交互演变的结果，是动态的。

动力主义认为认知是复杂动力学系统，将认知整体中的人的感知、身

① 涂良川：《因果推断证成强人工智能的哲学叙事》，《哲学研究》2020 年第 12 期。
② E. Thompson, A. Lutz, D. Cosmelli, "Neurophenomenology: An Introduction for Neurophilosophers," in A. Brook and K. Akins, eds., *Cognition and the Brain: The Philosophy and Neuroscience Movement* (New York and Cambridge: Cambridge University Press, 2005), p. 40.
③ 刘晓力：《哲学与认知科学交叉融合的途径》，《中国社会科学》2020 年第 9 期。

体、大脑的活动等系统要素作为函数参量在时间轴上体现的变化态势，认知主体是作为认知的一个元素。动力主义认为经典认知主义忽视时间的因素，认为认知是由大脑、身体和环境组成的自组织系统，是三者相互作用的整体涌现过程，具有具身性、非线性、情景性，强调认知过程的交互性、涌现性、历时性、连续性。简单来讲，认知动力主义认为认知可以用一组函数方程式来表达心理状态的变化，"它是许多离散的（discret）和局部交互的涌现（emergent）结果"①，反对认知是计算和表征。例如，盖尔德（T. V. Gelder）认为，表征是一种诡辩的事物。但是，动力主义是基于定量分析，增加了时间维度，认为认知是大脑、身体和环境相互作用平行地同时发生的—— 一种整体涌现的结果，"是一个由上行和下行因果共同作用的动力系统过程"②。同时，由于该理论的 "'交互作用'、'涌现'的确开启了我们对认知或心智的时间维度的研究，从而使表征的观念得到了修正"③。其中，时间变量不是离散的，认知是多种元素持续不断变异共同进化的一种整体动态过程。

克拉克是英国著名的哲学家、认知科学家，他在《此在：重整大脑、身体和世界》（Being there：Putting Brain，Body and World Together Again）（1999）一书中提出"具身化"概念。其理论的基本预设是认知是主动嵌入身体和环境的相互作用，认知和心灵不仅存在于身体中，而且是可以向外部世界延展的，以此消除了笛卡尔以来的心身分离局面。他认为认知是在身体、大脑和世界相互作用的动力耦合中形成的，身体和心灵是可以向外部世界延展的，这样外部世界成为认知的一部分，身体向外延展，外部世界由此进入人的内部世界，认知是内外共同作用形成的整体活动。同样，他认为心灵可以延展到外部世界，心灵不仅仅存在于身体中，还可以延展到身体以外的外部世界。外部世界发生变化，认知随之发生变化。他在 2003 年出版的《天生赛博格》（Natural-Born Cyborgs），以及 2008 年出版的《放大心灵：具身、行为与认知延展》（Supersizing the Mind：Embodi-

---

① 张铁山：《复杂性视阈下的缘身认知动力系统研究》，《系统科学学报》2011 年第 2 期。
② 于小涵、李恒威：《认知和心智的边界——当代认知系统研究概观》，《自然辩证法通讯》2011 年第 1 期。.
③ 魏屹东、袁蓥：《认知动力模型面临的几个问题》，《自然辩证法研究》2014 年第 3 期。

ment，Action，and Cognitive Extension）中，进一步将身体、行动、环境以及技术工具等认知元素纳入认知系统中，拓展了认知系统，这些认知元素是去中心化的，任何一种元素都不能决定其他元素。另外，克拉克属于温和的具身学派，他没有完全地反对认知是表征的，通过加入时间这个连续变异的具身维度，重新构建了行动—身体二者之间的关系，从本质上而言，他所自称的"计算的动态主义"具身观也没完全超出心智隐喻——表征主义的范围。

（二）生成主义

20 世纪 90 年代初，瓦雷拉、汤普森和罗施在《具身心智：认知科学与人类经验》中首次提出生成主义。生成主义基于现象学，主张认知是心智、身体、环境相互作用，历史的、互惠的、共涌现的结果。相应地，意义是在具身的心智、大脑、环境相互作用的过程中生成的。生成主义的主要观点如下：①认知和心智的产生不仅涉及大脑，而且涉及生物体、与生物体相关联的整个环境；②认知是涌现性的，是大脑、身体和外部环境相互作用的共涌现的结果；③认知是主体间性的，是自我与他者共决定的结果。"'具身'侧重描述大脑、身体与环境在认知活动的生成中所扮演的角色。'生成'则侧重解释具身化的认知结构的产生与运作的动态机制。作为捆绑在一起的一对孪生概念，两者互为支撑与佐证：具身的认知必然是生成的，而生成的认知又必然是具身的。"① 另外，为了和离身认知科学对大脑功能的模拟相对应，"具身认知中的'身体'必须特指除去大脑之外的全部'物理身体'"②。

生成的认知过程如下：身体和世界相互作用生成身体知觉，身体知觉又是作为生物基础的神经系统，大脑、神经元相互作用涌现知觉，而知觉引导行动，意识是身体的"知觉 — 行动"在与世界相互作用的过程中生成的。身体知觉将生物体的外部表象和身体的生物运动联系起来，意识就是二者与外部环境相互作用共决定涌现的。就意识的生成过程而言，意识

---

① 陈巍：《心智三重奏：神经科学、心理学与哲学的共鸣》，西安电子科技大学出版社，2016，第 27 页。

② 陈巍：《心智三重奏：神经科学、心理学与哲学的共鸣》，西安电子科技大学出版社，2016，第 29 页。

是神经系统的涌现结果，又对这些生物基础产生作用，"虽然心智与我们的神经构架和具身行动不可分，但它是一种涌现的全局性过程，这一过程不仅依赖于这些局部要素，还反过来作用于或影响这些过程"①。因此，生成认知涌现论可以表述为：认知是大脑、身体与环境相互作用的整体涌现，虽然对生物基础有依赖性，但不能还原到各个组分，具有不可还原性；并且对身体的知觉运动产生影响，具有下向因果作用。

生成主义是强具身主义，是反表征的，反对认知和知识是大脑对外部独立存在世界的表征。而生成主义"提供了一个审视高层次认知和人类心智特性的科学视角，因而揭示了正统认知科学所没有的一些深刻洞见"②。另外，生成主义是具身的，"具身性的意义在于自治系统的同一性以及意义建构中的规范性；并且身体性行动并不等同于神经—肌肉运动，它应当包含所有行动者和世界之间进行耦合的自适性调节"③，表现出适应性、涌现性、不可还原性，所以，"生成主义是一种非还原论的自然主义纲领"④。认知动力主义、生成主义等具身认知范式都是在"对传统的计算隐喻的质疑以及对符号、表征（representation），计算和规则核心地位的反思，都包含着对认知主体如何与环境交互作用、如何通过感知—思维—行为介入世界等给出的新说明"⑤，这些认知范式的不同之处在于对待表征的态度有强弱之分。

（三）关于具身认知涌现论的思考

具身认知科学将认知科学和认知心理学结合起来，重新审视心身关系，不断向人的本质延伸，对生命体和外部环境进行了关注，特别是提出人的理性和概念都源于身体，都是通过身体的感觉而实现的，并且，"从关注'可计算性和算法'转向了关注系统构架的'交互作用'（interac-

---

① 武建峰：《认知生成主义的认识论问题》，《学术交流》2017 年第 5 期。
② 武建峰：《认知生成主义的认识论问题》，《学术交流》2017 年第 5 期。
③ 何静：《具身认知研究的三种进路》，《华东师范大学学报》（哲学社会科学版）2014 年第6 期。
④ 任晓明、李熙：《自我升级智能体的逻辑与认知问题》，《中国社会科学》2019 年第12 期。
⑤ 刘晓力：《交互隐喻与涉身哲学——认知科学新进路的哲学基础》，《哲学研究》2005 年第 10 期。

tion）"，抽掉了"心理状态与行为之间以各类抽象表征作为内部连接"①的符号层级。另外，它认为人类的经验都是亲身经历和体验的，认为心智"是鲜活身体的一部分，并且依赖于身体而存在"②。

从科学和哲学层面来看，认知科学关注的大脑是认知和心智产生的生物学基础，而哲学关注的认知是作为主体的人对外部世界的反映，科学和哲学的对立源自人类对主观世界和客观世界的分离，要想消弥二者的对立，需要寻找一个共同的基础将它们联系起来，"认知科学是'两面神'（Janus-faced），它同时俯视两条路：它的一张脸转向自然，视认知过程为行为；另一张脸则转向人类世界（或者现象学家所谓的'生活世界'），视认知为经验"③。认知科学为二者的融合提供了可能。

为了克服这些难题，20 世纪 80 年代，具身认知成为认知科学中的新进路，对心理学、神经科学、认知人类学、语言学等学科产生了深刻的影响。具身认知的核心主题是"具身（涉身）—交互"④，主要范式有具身认知、嵌入认知、延展认知和生成认知，简称 4EC，从对认知的模拟转向对身体、环境和主体的关注，表现出"缘身性、情境性、嵌入性、生成性和突现性等特征"⑤。"所谓认知是在身体与特定环境的交互中产生，而非某个心灵主体与环境的互动；这个环境可以是自然环境，也可以是社会历史环境。"⑥

具身认知科学的主要观点如下。一是心智的形成是基于身体的。例如，莱考夫（G. Lakoff）认为，隐喻就是具身的经验，各种图式就是身体和世界相互作用形成的，身体规定了我们的认识范围。二是心智是离不开环境的，是语境依赖的。"具身化动态论的核心洞见在于引入一种整体论。

---

① 刘晓力：《交互隐喻与涉身哲学——认知科学新进路的哲学基础》，《哲学研究》2005 年第 10 期。
② 〔美〕乔治·莱考夫、〔美〕马克·约翰逊：《肉身哲学：亲身心智及其向西方思想的挑战》（二），李葆嘉等译，世界图书出版有限公司北京分公司，2018，第 590 页。
③ 〔智〕F. 瓦雷拉、〔加〕E. 汤普森、〔美〕E. 罗施：《具身心智：认知科学和人类经验》，李恒威等译，浙江大学出版社，2010，第 11 页。
④ 刘大椿等：《分殊科学哲学史》，中央编译出版社，2017，第 208 页。
⑤ 张铁山：《复杂性视阈下的缘身认知动力系统研究》，《系统科学学报》2011 年第 2 期。
⑥ 刘大椿等：《分殊科学哲学史》，中央编译出版社，2017，第 208 页。

他们否认心灵所具有的孤立性和绝对理智性，而是主张人的心智与大脑、身体活动乃至整个世界处于原初的动态连接关系当中。具身化动态论的发展使得认知科学与生态路径、现象学之间具有了对话的可能性，促进瓦莱拉等人提出了自然化现象学论题。"①

综上所述，具身认知涌现论思想包括：①人类的认知是具身的，作为生物学基础的身体是认知的物理基础，也是认知产生的必要条件；②认知是在大脑、身体与环境的相互作用中涌现的，不能还原到单独的大脑或身体、环境，具有不可还原性，表现出整体的涌现性；③认知的各个认知单元之间是动态的，是大脑、身体和环境在相互作用的过程中、在时空中展开的认知连续环，随着主体、环境的变化，认知会发生变化，表现出交互性、动态性、语境性；④意义是在主体和世界相互作用的过程中生成的，"是在不断激活、竞争选择和重新组合过程中得到的一种自组织机制，并不依赖于任何形式的表征和计算"②；⑤认知是动态的过程，事物之间的关系是不断重构的。另外，具身认知可以解决"符号接地问题"——意义何以生成。就心身问题而言，具身认知转换了认知科学的研究范式，实现了从心物转向心 — 身 — 物，从对大脑的关注转向对多元认知单元（例如，大脑、身体和环境）的关注，从计算隐喻转向交互性隐喻，从预定规则转向过程中的生成，重要的是从汉堡式的三个层级转向物理的 — 心理的两个层级，而层级是认知涌现论的基础，也是重要概念。

第三节　强涌现和弱涌现的论题

在认知科学中，对于涌现有不同的看法。那么涌现究竟是解释性的还是规范性的，不同学者持有不同的观点。目前，涌现主要有两种不同的类型——强涌现和弱涌现，"强、弱之分，指的是涌现的程度"③。强涌现是指部分之间相互作用产生的整体具有而部分所不具有的属性，相对于部分

---

① 李海燕：《光与色：从笛卡尔到梅洛－庞蒂》，四川人民出版社，2018，第81页。
② 刘晓力：《交互隐喻与涉身哲学——认知科学新进路的哲学基础》，《哲学研究》2005年第10期。
③ M. A. Bedau, "Weak Emergence," *Philosophical Perspectives* 11（1997）：375 – 399.

来说，涌现的整体具有不可还原性和不可推导性。例如直觉、意识都是强涌现。对于强涌现，还有认识上的差别。奥康纳认为强涌现指的是不可还原性、下向因果关系，而斯蒂芬认为强涌现指的是不可还原性，而不是下向因果关系。但是他们都表述了强涌现的基本含义是不可还原性。我们把强涌现作为本体论的涌现论来探索。

弱涌现，指的是复杂动力学系统和计算机模拟系统中，涌现现象是可以认识和进行解释的，可以通过简单部分的简单规则进行解释。霍兰认为受规则支配的涌现现象和还原方法是相容的，"即我们能够把对整个系统的解释还原为对组成系统的各个简单部分间相互作用的解释"[①]。在某种程度上，"涌现现象的研究进程依赖于对涌现现象的还原能力"[②]。我们将弱涌现作为认识论的涌现论来分析。

一 基于本体论的强涌现

强涌现，指的是低层级相互作用产生高层级现象，而高层级现象不能还原为低层级的物理基础，也就是说，微观层级的原则不能充分解释系统的整体行为，高层级现象有不可约性、不可还原性。从部分和整体的关系来说，整体不能还原到部分，不能从部分推导出整体的属性。

对于不可约性的讨论。哲学中"irreducible"一词原是数学中的用语，指不可约的、不可简化的、不能复归的。在数学中，不可约性指的是一个多项式不能写成两个次数较低的多项式之乘积。例如，$X^2 - 7 = (X - \sqrt{7})(X + \sqrt{7})$，等号的左右两边在不同的语境下含义是不一样的。"$X^2 - 7$"在实数域上是可约的，但是在有理数域上是不可约的。

最早对不可约复杂性（irreducible complexity）进行定义的是生物化学教授麦可·贝希（M. Behe）。他认为不可约复杂性指的是系统通过不同组分协同作用产生的整体属性，而这种属性是其组分所不能具有的。例如，一辆汽车，完整的汽车是由轮胎、油箱、车厢等零件相互作用组合而成，

---

① 〔美〕约翰·霍兰：《涌现：从混沌到有序》，陈禹等译，上海科学技术出版社，2006，第9页。

② 〔美〕约翰·霍兰：《涌现：从混沌到有序》，陈禹等译，上海科学技术出版社，2006，第15页。

如果移去一个轮胎，那么汽车就不能行驶。

在心灵哲学中，心灵的不可约性指的是"有些关于心灵性质的概念是无法完全由客观物理概念所取代的"①。在斯蒂芬看来，如果满足以下三个条件，那么意味着该系统属性是不可约的："如果（i）它在功能上是不可解释或不可重构的；如果（ii）它不能表明系统各部分之间的交互作用填补了系统属性的指定功能角色；或者如果（iii）系统属性在系统部分的特定行为上出现，不遵循部分在孤立或更简单结构中的行为。"② 第三点其实表明了系统和组分行为的不可约性，系统属性意味着下向因果关系。更进一步来讲，一个系统不能从组分的行为上进行分析，那么该系统实际上具有不可还原性。

查默斯从事哲学和神经科学方面的研究，是著名的心灵哲学家，提出了著名的意识难问题。至于涌现论，他认为强涌现具有不可推导性，高层级规则不能从低层级推导出来，但能以低层级的事实进行解释，"是由低层级事实系统地决定的，而不是从这些事实中推导出来的"③，并具有下向因果关系。仅依赖低层级的事实是不能获得高层级的解释的，也说明了物理定律在这里不是完备或充分的。

布罗德是非还原论的物理主义者。他以形式化定义了涌现论，通过部分行为的不可约性和整体属性的不可还原性阐述强涌现论的概念，同样强调了涌现系统属性的不可还原性。

西尔伯斯坦和麦吉维尔（J. Mcgeever）认为本体论的涌现论"既不能还原为更基本的特征，也不能由更基本的特征决定。本体论上涌现的特征具有的系统或整体的因果力特征，这些特征既不能还原为各部分的任何内在因果力，也不能还原为各部分之间的任何（可还原的）关系"④。我们赞

---

① 冀剑制：《心之不可化约性问题的论战》，《哲学与文化》2006 年第 9 期。

② A. Stephan, "The Dual Role of 'Emergence' in The Philosophy of Mind and in Cognitive Science," *Synthese* 151（2006）: 490.

③ D. Chalmers, "Strong and Weak Emergence," in P. Clayton and P. Davies, eds., *The Re-Emergence of Emergence: The Emergentist Hypothesis from Science to Religion*（New York: Oxford University Press, 2006）, p. 247.

④ M. Silberstein, J. Mcgeever, "The Search for Ontological Emergence," *Philosophical Quarterly* 49（195）（1999）: 186.

同西尔伯斯坦和麦吉维尔对强涌现的定义，他们强调整体和部分之间的不可还原性，以及下向因果关系。

就心理现象和物理现象而言，强涌现是指心理现象无法被还原为人的行为或大脑的生理机制和功能，具有不可约性或者不可还原性。在当代认知科学中，意识经验或者感受质很难被认识。查默斯也认为"意识是强涌现的，不是随附的，具有因果决定作用"①。意识是神经生物系统相互作用的整体涌现。联结主义认为认知是神经元相互作用的整体涌现，是单个神经元不具有的属性，不能还原到单个神经元，具有不可还原性。具身认知认为认知是大脑、身体和环境相互作用历史地生成的，同样具有不可还原性。

然而，涌现论的不可还原性意味着涌现论具有某种下向因果作用，高层级会对低层级产生控制和约束作用，这便造成了 Pepper-Kim 难题，即涌现论是否适用于精神属性的研究，更进一步来讲，涌现论是否让精神属性具有因果效力，同时不违背物理领域的因果封闭性原则。金在权认为如果涌现论具有不可还原性，那么必定是副现象的，即高层级事件是低层级事件的副产品，不会对低层级事件产生任何影响和作用。就心理现象和物理现象而言，心理现象是生物物理过程的一种副产品，不会对生理基础产生因果作用，即心灵就像人的"影子"。金在权站在还原论的立场，用因果排除论证消除涌现论的下向因果关系。实际上，还原论的策略是失败的。

人的意识是社会发展到一定阶段的产物，具有历史性和相对独立性。不仅需要生物学基础——神经系统，还受到过去经验、环境、价值观念等因素的影响。"因此，物理主义研究在微观研究上也犯了一个致命错误，它要摆脱困境，就应当从有关的物理反应入手而探寻人的心理活动在物理层次上的起源，毕竟反馈活动在根本上乃是物质系统对其内外环境状况所作出的一种反应活动，这种活动是由其物质系统与其所面临的内外环境的

---

① D. Chalmers, "Strong and Weak Emergence," in P. Clayton and P. Davies, eds., *The Re-Emergence of Emergence: The Emergentist Hypothesis from Science to Religion* (New York: Oxford University Press, 2006), p. 250.

关系决定的，并非由物质系统在低层次的运动状态所决定。"①

还原论在解释意识经验或者感受质方面是不成功的，意识产生不仅需要生理物理基础，而且受环境的影响，是大脑、身体和环境相互作用整体涌现的结果，不能还原到生理物理基础上，具有不可还原性。"强涌现也会对伦理学、哲学和神学产生深远的影响"，"如果精神、社会和伦理法则在每一个相关的复杂性层级上涌现，以一种增强但不与物理规则冲突的方式出现，那么伦理法则就有存在的空间"②。这些需要我们进一步商榷。

二　基于认识论的弱涌现

认知涌现论认为世界由物理实体构成，无论是自然实体还是精神属性都是有相同的物质基础。强涌现论者认为涌现与时间特性无关，而弱涌现论者认为涌现与时间特性有关，是历时的，弱涌现论可以分为弱历时涌现论和历时结构涌现论。弱历时涌现论仅仅强调新颖性，而历时结构涌现论更关注新颖性和不可预测性。在斯蒂芬看来，历时结构涌现论的不可预测性是指"如果一个新结构的形成是由确定性混沌规律控制的，那么它的新颖结构的出现在原则上是不可预测。同样，原则上，由新结构实例化的任何属性都是不可预测的"③。

在弱意义上，涌现是系统的属性，是系统具有而孤立部分所不具有的，但是可以用部分的事实和规则进行解释，在某种程度上，弱涌现论与方法论的还原论是相容的，具有不可预测性，我们称其为认识论的涌现论——"来自还原主义和非还原主义（本体论的、认识论的）的争论，不是决定论和非决定论的争论"④。进一步来讲，弱涌现的"不可预测性与不可解释性源自于无数非线性并且语境依赖的局域性微观层面交互作用，是

① 刘魁：《当代物理主义的困境与出路》，《南京理工大学学报》（社会科学版）1997 年第5 期。

② P. Clayton, P. Davies, *The Re-Emergence of Emergence：The Emergentist Hypothesis from Science to Religion*（New York：Oxford University Press，2006），p. xiii.

③ A. Stephan, "The Dual Role of 'Emergence' in The Philosophy of Mind and in Cognitive Science," *Synthese* 151（2006）：496.

④ 陈刚：《世界层次结构的非还原理论》，华中科技大学出版社，2008，第 69 页。

它们驱动了系统"①。

对于弱涌现，学者认识是不尽相同的。查默斯认为弱涌现是指"复杂而有趣的高级功能是通过简单方式结合简单的低级机制而产生的"②，生命游戏和联结主义都是弱涌现的，都是基于低层级的简单规则和初始条件推导出来的。威尔士（R. Welshon）认为涌现属性是认识论的，不是本体论的，"允许一些涌现的属性具有自主原因的力量，并不能保证精神或意识的适当联系是涌现的。它也不能证明进一步的主张，即精神或意识属性是因果有效的涌现属性。据我所知，没有证据表明存在本体论的涌现的心理属性，即使有，这些属性也可能是副现象的。涌现的心理属性，即使它们存在，也不是副现象的，在这一点上仍然只是认识论上的涌现"③。

斯蒂芬认为弱涌现的特征有三：第一，"物理一元论。宇宙中存在或产生的实体仅由物理成分组成。被归类为涌现的属性、排列、行为或结构都是完全由物理实体组成的系统实例化的。第二，涌现特性是系统特性。当且仅当系统拥有系统的属性，而系统的任何部分都不具有系统的属性时，属性才是系统的属性。第三，共时决定性。一个系统的性质和排列（以某种方式表现）在理论上取决于它的微观结构。如果一个系统的各部分的性质或各部分的排列不存在某种差别，那么这个系统就不可能有任何差别"④。系统属性强调了涌现的整体性，涌现是系统整体的属性，而非组分的属性；在微观结构上，系统的属性和排列的不同也会影响系统的属性。

贝蒂对弱涌现的定义为"S 的宏观态 P 与微观态 D 是弱涌现的，如果 P 可以从 D 和 S 的外部条件推导出来，但只能通过模仿"⑤。贝蒂认为弱涌

---

① 〔加〕莫汉·马修、〔美〕克里斯托弗·斯蒂芬斯主编《爱思唯尔科学哲学手册：生物学哲学》，赵斌译，北京师范大学出版社，2015，第718页。

② D. Chalmers, "Strong and Weak Emergence", in P. Clayton and P. Davies, eds., *The Re-Emergence of Emergence: The Emergentist Hypothesis from Science to Religion* (New York: Oxford University Press, 2006), p. 252.

③ R. Welshon, "Emergence, Supervenience, and Realization," *Philosophical Studies* 108 (2002): 49.

④ A. Stephan, "The Dual Role of 'Emergence' in The Philosophy of Mind and in Cognitive Science," *Synthese* 151 (2006): 486–487.

⑤ M. A. Bedau, "Weak Emergence," *Philosophical Perspectives* 11 (1997): 378.

现就是"一个系统的属性取决于其部分的组合和它们的组织。这是一种语境敏感的还原形式，因为一个部分对整体属性的影响取决于与之交互的其他部分（以及任何环境因素）"。"由下至上的因果网（整体、机制）的物质、状态、原因和行为可以还原为其部分及其组织的物质、状态、原因和行为。""当且仅当因果网络各部分之间的因果联系是局部的和循环的，以及支配各部分的规则与环境是相关的和非线性的，那么一个因果网络就复杂到弱涌现属性（即，它是不可压缩的）。"① 涌现是在系统的宏观状态中发生的，部分的结构包括环境和部分之间的局部联系、所有组分相互作用以及环境对系统的影响同时被模拟了，系统的宏观状态才得以发生。在计算机模拟中，因果循环和非线性部分之间的关系、语境敏感是弱涌现的特征。

弱涌现特别适用于有简单规则的部分组成的整体。因为是计算机模拟，所以，在实践中，"弱涌现特性的一个常见特征是，它们通常是通过经验观察发现的"②。在贝蒂看来，不可压缩是"因为它在语境敏感和非线性的部分之间有局部和循环的因果联系"，另外，"涌现特性的一个标志是对数据驱动和计算方法的科学必要性。大数据对于发现涌现属性尤为重要"③。

克拉克对复杂系统进行分类，提出四种涌现：集体自组织的涌现，非程序化功能的涌现，相互作用复杂性的涌现，不可压缩展开的涌现。在他看来，涌现指的是系统元素交互作用产生的某种性质、事件和模式，强调系统的结构、相互作用，所以他对后两种涌现没有进一步展开分析。他认为涌现是一种同质元素交互作用的集体自组织，如大雁飞行的排列；是主体和环境交互的迭代序列产生的未程序化功能，如扫地机器人。在克拉克看来，涌现是一个过程，是微观主体之间、主体和环境之间的相互作用产

---

① M. A. Bedau，"Weak Emergence Drives the Science, Epistemology, and Metaphysics of Synthetic Biology," *Biological Theory* 8 (4) (2013): 335.

② M. A. Bedau，"Weak Emergence Drives the Science, Epistemology, and Metaphysics of Synthetic Biology," *Biological Theory* 8 (4) (2013): 344.

③ M. A. Bedau，"Weak Emergence Drives the Science, Epistemology, and Metaphysics of Synthetic Biology," *Biological Theory* 8 (4) (2013): 336.

生的宏观行为，而某些宏观状态需要通过模拟微观状态交互作用来实现，实际上他对复杂系统的分类是建立在对系统可分析的基础上的，因此他提出的涌现是弱涌现。

斯蒂芬基于涌现的非还原性特征对克拉克的四个概念进行了批判。首先，指出克拉克作为集体自组织的涌现仅仅是增加了新颖性，"既不适用于机器人，也不适用于神经网络，因为无论是基于设计还是基于训练，内部结构都是关键"[1]；作为未程序化功能的涌现，描述的是"由于系统与环境相互作用而产生的副作用所导致的'适应性价值'行为"，它是"介于弱涌现和强涌现之间"[2]，是否是涌现还需要进一步探讨。在实践层面，这些系统的目标和策略的内在机制是人工设计的，只有系统与环境发生相互作用产生的结果是涌现的。在斯蒂芬看来，这些也不是严格意义上的涌现。作为相互作用的涌现，克拉克认为是具有强涌现意义的，而斯蒂芬认为是弱涌现的，因为许多系统行为是可计算的。至于不可压缩展开的涌现，和贝蒂的弱涌现的概念是一致的，斯蒂芬认为它是结构性历时涌现，"作为结构不可预测性的涌现是弱涌现和强涌现之间的一个真正的选择，并且在认知科学中'在一些有趣的关节处'切入人工物的世界，它仍然与还原性解释兼容：在实际开发之前不可预测的进化架构可能会完全显示可还原性解释的属性和行为"[3]。

因此，弱涌现在计算机模拟系统中应用广泛，在微观机制上是可还原的，系统的宏观状态和行为是微观机制和外部环境相互作用的结果，是语境依赖、语境敏感的。

第四节　因果关系的论题

认知涌现论的不可还原性引起随附性和下向因果关系两种争论。从层

---

①　A. Stephan，"The Dual Role of 'Emergence' in The Philosophy of Mind and in Cognitive Science," *Synthese* 151（2006）：493.

②　A. Stephan，"The Dual Role of 'Emergence' in The Philosophy of Mind and in Cognitive Science," *Synthese* 151（2006）：494.

③　A. Stephan，"The Dual Role of 'Emergence' in The Philosophy of Mind and in Cognitive Science," *Synthese* 151（2006）：496.

级来看，因果关系包括上向因果关系、本层因果关系、下向因果关系。就认知涌现论而言，神经的生物基础是高层级心理属性的基础，是必要条件，具有不可还原性。由低层级涌现的心理属性对大脑神经状态具有控制、调节作用。下向因果关系是认知涌现论的重要特征和核心问题。从对因果关系的分析入手，分析下向因果关系的种类，阐释当代认知科学背景下科学家和哲学家对下向因果关系和认知涌现论的关系的看法。目前形成了两种对立的观点：以金在权为代表的学者反对涌现论的下向因果关系，提出了功能还原解释模型；戴维森（D. Davidson）等认为下向因果关系是涌现论的重要特征，并提供了辩护。

一 因果关系的概念

因果关系的概念始于休谟的因果分析，休谟认为因果关系是恒常结合，是人们的习惯。不同学者对因果关系的理解不同，但因果关系概念至少包含以下含义：第一，在时间上，具有顺序性，原因在先，结果在后，即"原因必须先于结果，或者至少与结果同时发生"；第二，在空间上，具有连接性或者接触性，"原因和结果必须在空间上接触，或者是由一系列中介事物相接触地联系起来"。也就是说，因果关系是事物在逻辑的历史中展开的事物发展状态，具有实在性、过程性。

世界的事物处于普遍联系的发展过程中，因果关系只是事物发展过程中的一个环节，事物的因果关系都是语境化的，语境发生变化，因果关系也会变化。所以因果关系都是语境化的存在。本体论从对实在原因的探索转向对实在关系的探索，所以，因果关系随之发生变化。事件是在一定时空中呈现的，有特定的语境，脱离适当的语境，因果关系或许会消解。

另外，"因果之间的恒常结合是什么意思：它是指原因是结果的充分条件，还是必要条件，抑或是充分必要条件？"[①]休谟对于因果关系的原因没有明确的说明。条件因果关系揭示了条件和结果之间的依赖关系，本质上也是一种因果逻辑关系，即具备什么样的条件便产生什么样的结果。例如，A 是 B 的充分条件，当 A 出现，B 就出现；A 是 B 的必要条件，如果

---

① 张华夏：《突现与因果》，《哲学研究》2011 年第 11 期。

B 出现，那么 A 必定出现。同样，根据条件因果关系解释模型，第一种，原因可以理解为是结果的必要条件；第二种，原因是结果的充分条件；第三种，原因是结果的充分必要条件。哲学家对原因的界定是不同的，亨佩尔（C. G. Hemple）和波普尔（K. Popper）认为原因是结果的充分必要条件，内格尔（E. Negel）认为原因是结果的必要条件。我们认为原因是结果的必要条件，但不是充分条件。

二 复杂系统的双向因果作用

涌现论的核心问题是层级问题，层级涉及整体和部分、微观和宏观的讨论，就涌现产生机制而言，涌现论是双向因果的，是上向因果关系和下向因果关系的循环。霍兰认为涌现是基于某种简单规则建立起来的，就层级之间关系而言，他认为层级之间相互制约，相邻层级的较高层级依赖于较低层级，低层级制约高层级的发展。

在这里，科学中的自下而上和自上而下的因果关系和哲学中的上向因果关系和下向因果关系虽然表述不一致，但是意义大致相同，是在不同的背景下提出来的。认知涌现论中对下向因果关系的讨论，源自对复杂系统中两种因果关系的分析。

复杂系统的显著特征为涌现，通过"a. 自下而上和 b. 自上而下两种作用实现，自上而下作用通过系统结构和边界条件来调整下级行为。上级结构和边界条件可以调整下级的相互作用。这是自上而下的层级关系"①。复杂系统表现为自下而上和自上而下两种双向作用。在哲学中，涌现论的突出特征是不可还原性，由此引发了下向因果关系，强调下向因果关系为涌现的特征。而上向因果关系秉持低层级对高层级的决定作用，这个是被普遍承认的，物理主义的还原论在于承认低层级对于高层级的决定作用，实际上就是上向因果关系。上向因果关系与下向因果关系二者同等重要，因为"上向因果性和下向因果性的重要性是毋容置疑的，一般的共识是，它们是联结人类意识与物理世界的通道和桥梁，它们也是人类作为认知、

---

① 〔英〕约翰·巴罗、〔英〕保罗·戴维斯、〔英〕小查尔斯·哈勃编《实在终极之问》，朱芸慧、罗璇、雷奕安译，湖南科学技术出版社，2018，第 432 页。

道德等方面的能动的行为者（agent）的不可或缺的基础"①。

具体来讲，上向因果关系，强调从部分到整体的认识方法，考察低层级对高层级产生的影响，指的是低层级事物之间的相互作用对高层级起着根源性、基础性的作用，部分、部分之间的结构和关系对整体属性有着重要影响。

下向因果关系指的是涌现的整体属性对部分的控制、支配和影响，认识方式是从整体到部分。高层级会对低层级产生制约、支配和控制作用，但是不会改变低层级特有的规律。涌现不仅是一个事物、属性，而且还是一个过程，是一个事件。

对于复杂系统而言，上向因果关系和下向因果关系同时对层级发生影响，是双向因果链。下向因果关系坚持本体论的非还原论，也是对上向因果关系产生的还原论的对抗，旨在为高层级的本体基础进行辩护。

三　认知涌现论的因果关系

涌现的下向因果关系不仅是心灵哲学的重要论题，对认知科学也很重要。下向因果关系成了涌现论和还原论争论的核心，也"是突现的一个基础特征，是对整体和高层次突现性的一种具体表达和体现"②。

在金在权看来，层级问题是涌现论的主要问题，下向因果关系是涌现论的显著特征。涌现的基本性质表现为随附性和不可约性。他认为层级之间存在因果关系，有层级因果关系、下向因果关系和上向因果关系。层级因果关系指的是同一层级两种性质之间的因果关系。在金在权看来，这些关系最终都可以还原到基本层级的因果关系。物理世界中基本层级的因果关系是最基本的因果关系，整个世界都受物理因果关系影响。他主张微观结构的强还原，其他一切现象都是副现象的。他的推论方法是从整体到部分的认识方法，将低层级作为高层级物质的充分必要条件，2005 年，在 *Physicalism，or Something Near Enough* 一书中，金在权构建了一个功能化还

---

① 黄益民：《因果理论：上向因果性与下向因果性》，《哲学研究》2019 年第 4 期。
② 范冬萍：《论突现性质的下向因果关系——回应 Jaegwon Kim 对下向因果关系的反驳》，《哲学研究》2005 年第 7 期。

原模型，旨在解释宏观涌现机制。

金在权通过因果封闭原则和排他论证来反对涌现的下向因果关系。首先，在他看来，"只有物理世界才会产生因果关系，如果一个事件在某一时刻 t 具有一个原因，那么在 t 这一时刻有一个物理原因"[①]，这就是有名的物理封闭原则。其次，在排他论证方面，金在权有两种策略，分别从心到心和从心到物来论证，他认为无论是哪种方法，都不能违背物理世界的因果闭合原则。

在《物理世界中的心灵》（*Mind in a Physical World*）（1998）一书中，金在权进行了论证，具体如下：M 是心理属性，M 产生心理属性 M*，P 是物理属性，P 产生物理属性 P*。根据随附性原则，M* 的实现随附于 P* 的实现，这样，在某一刻，M* 的产生有两个原因即 P* 和 M，这是违背随附性原则的。对此，金在权在物理封闭原则的前提下，进一步展开论证：M 随附于物理基础 P，根据上述推论，得出 M 产生 P*。然而，由于 P 产生 P*，那么在某一刻，M 和 P 同时是 P* 的原因，根据排除原则——在某一时刻，不能同时具有两个原因，M 和 P 是相互排斥的，只能是 P 是 P* 的原因而非 M 是 P* 的原因。依据金在权的论证，心理现象和物理现象之间如果具有因果力，那么根据因果封闭原则，心理现象只能是副现象的，是随附在物理基础上的，不存在下向因果关系。

对抗金在权的因果封闭原则和排他论证对下向因果关系的消解，主要通过对条件关系或者语境进行分析，为下向因果关系和不可还原性辩护。范冬萍做了如下分析："对下向因果作用有了这样一个网络的非线性本体论承诺，即认为某一个层次的突现性质在共时关系上是由低层次的组分与高层次的环境协同实现的；从历时关系上看是低层次组分的上向因果作用与环境因素的下向因果力共同作用的结果，那么，对应于上向实现和上向因果，在认识论上我们需要一定程度的理论的还原、定律的还原或命题的还原，即用低层次性质理论、定律和命题来解释高层次的有关突现性质

[①] J. Kim, *Physicalism, or Something near Enough* (Princeton: Princeton University Press, 2005), p. 15.

M。"①　"一旦承认从 M 到 M* 的宏观事件发展的充分条件必须拆开分派到环境、宏观事件和微观事件三个层次上，主张下向因果关系或下向因果力是多余的'过分决定性'的论断便不攻自破。"②　换言之，下向因果关系"不是把物理事件看作决定思想和行动的满足条件，而是看作使思想和行动得以实现的满足条件"③。

认知科学的范式主要有两种：离身认知科学和具身认知科学。离身认知科学的主要思想是：认知和心智是对人类智能和大脑的模拟，认知就是计算和表征，以人工智能、认知心理学、计算机和神经科学的发展为基础。认知单元为一组符号或者神经元结构的模拟，基于串行或者并行分布的形式对亚符号或符号进行加工，认知过程就是符号计算的过程。这种分析过程以计算和表征为中介在物理符号基础上实现对认知的分析。因此，离身认知科学在因果关系上是预先设计的，是因果决定的。然而，具身认知科学，例如生成认知认为认知是大脑、身体和环境相互作用的共决定的共涌现。所以，在因果关系方面，它是双向因果，是互相决定的。

就意识涌现而言，意识是神经生物基础相互作用的涌现结果，并对生理基础产生影响、控制作用。因此，认知涌现论存在下向因果关系，主要体现在对意识涌现的研究上。也就是说，心理现象对物理基础的因果作用体现为选择、控制和调节，但是与低层级的基本规律不冲突，因为下向因果作用是有条件的，仅仅限制低层级行为、结构、状态的改变，而宏观上表现出来的是稳定态。

---

① 范冬萍：《论突现性质的下向因果关系——回应 Jaegwon Kim 对下向因果关系的反驳》，《哲学研究》2005 年第 7 期。
② 范冬萍、颜泽贤：《复杂系统的下向因果关系》，《哲学研究》2011 年第 11 期。
③ W. Jaworski, "Mental Causation from the Top-Down," *Erkenntnis* 65（2）（2006）：292.

第四章 认知涌现论的解释机制

涌现论预设事物是按照层级发展的，主要研究层级关系，特别是跨层机制。层级问题是涌现论的本质问题，涌现产生的机制有很多种，例如，布罗德认为是跨层定律，邦格认为是自组装，巴斯帕蒂（Brhaspati）认为是转化，但是他们都不能给予完备的科学解释。语境涌现为涌现论的解释提供了可能，我们认为认知是语境涌现的，引入语境分析，即引入偶然语境作为充分条件，并进行语境拓扑，使得高层级属性在低层级得到解释。语境论对认识认知涌现论有着重要的作用。

第一节 认知涌现论的层级基础

认知涌现论的解释基础就是层级，主要是要解决高层级和低层级的跨层问题。层级理论包括层内理论和跨层理论，跨层问题是最核心的问题。涌现论的关键就是解决跨层问题，进一步引出高层级的自主性问题——对低层级是否有因果作用。层级因果关系分为同层级因果关系、上向因果关系和下向因果关系三种。同层级因果关系指的是同层级的组分和组分之间相互作用涌现新的质，从狭义上讲，可以理解为单层级的涌现现象。上向因果关系指的是低层级对高层级的基础作用。就自然界的物质系统而言，"低层次系统是高层次系统的基础与载体，高层次系统的结构、属性和运行形式是从低层次系统及其运动形式经层次突变而产生出来的"[①]。下向因果关系指的是高层级可以对低层级产生控制和调节作用，但是对低层级的

---

① 王树松、李昊婷、吕春华主编《自然辩证法概论》，哈尔滨工程大学出版社，2017，第24页。

基本规则不会产生影响。层级因果关系主要基于复杂系统和认知科学来展开。

一 复杂性科学中的层级

自然界中物质的层级结构主要体现在："（1）任何一个物质客体都是一个具有层次结构的客体，任何一个物质系统都是一个具有层次结构的系统。……（2）物质系统层次的概念，揭示了物质系统之间的纵向或垂直的有序关系，……（3）严格地说，所谓某一物质系统层次或某一物质层次并不是指某一个物质系统的个体，或某一物质客体，而是指物质系统的一个类，……（4）同一层次的物质系统之间的相互作用，构成物质系统之间的横向联系，横向联系是纵向联系的基础，这种横向关系的存在，才导致了物质系统层次间质的差异。随着每一个新物质层次的形成，总会有新质的突显和新功能的出现，这样就产生了一个高层次的物质系统，建立起了系统间的纵向联系。"① 无论是自然界、生物界还是人类社会都是以一定的层级建构起来的，事物以一定结构按照某种层级排列和组合而成。

涌现论作为科学的概念，是在复杂性科学的研究领域，对自组织、复杂动力学等的研究。复杂性主要体现在结构的复杂上，表现为层级性。按照复杂程度，系统包括简单系统和复杂系统。简单系统只包含部分与整体的系统。复杂系统的突出特征是层级性，具有反馈功能。复杂层级结构有树状结构、巢状结构、阶梯结构等。对复杂系统的结构、功能和动态的研究，一般需要考虑三个层级，核心层级、相邻的上一层级和下一层级。每一个层级都是以一定的结构相互作用表现出相对的稳定态。层级也是不断进化的，具有因果性、嵌套性、相对稳定性、结构性、不可还原性等特点。层级是研究涌现现象的基础，涌现论更多的是研究跨层机制。

在复杂系统中，通过对多主体系统的研究，霍兰建立 CAS。CAS 理论的基本点是多主体的相互作用的整体涌现。复杂适应系统具有学习功能，表现出主体的适应性、层级进化性。主体根据简单规则相互作用，并能根

---

① 王树松、李昊婷、吕春华主编《自然辩证法概论》，哈尔滨工程大学出版社，2017，第22～23 页。

据外界环境，表现出适应性行为，实现共同进化，表现为无数的涌现进化系统，这些系统以新的层级呈现出来。层级进化是在主体的相互作用下刻画的。"适应性层级进化思想强调个体在进化中的主动性以及以计算建模为主的研究方法。"① 在《复杂系统理论基础》一书中，欧阳莹之（S. Y. Auyang）针对系统行为的解释提出了综合微观分析法，从系统和组分两个层级来进行解释——"微观机制和向上因果关系通过运用组分概念来解释系统行为。宏观约束和向下因果关系则用系统概念解释系统内部个体组分的行为"②。

层级关系就是高层级和低层级或者整体和部分之间的关系，"整体与部分的区别就在于形式，当我们说整体大于部分的总和的时候，整体比部分的总和多出来的东西就是形式"③。在陈刚看来，涌现论的不可还原性是对涌现概念的"同时性理解，关注的是宏观理论与微观理论之间的逻辑关系"④。

层级是复杂系统的一个重要特征。层级分析法体现了事物发展和变化的系统性。层级分析法（analytic hierarchy process，AHP）在 20 世纪 70 年代中期由美国运筹学家托马斯·塞蒂（T. L. Saaty）正式提出。它是一种定性和定量相结合的、系统化和层次化的分析方法，主要研究层级属性之间的关系，以及层级属性和整体属性的关系，在管理学、安全科学、环境科学领域应用较为广泛。

二 认知科学中的层级

层级划分也是认知科学的重要问题。马尔（D. Marr）在《视觉》（Vision）（1982）一书中提出视觉计算理论，认为认知包括计算理论层、表征与算法层、实现层三个层级。计算理论层主要说明计算的目的、逻辑等，表征与算法层主要说明如何执行算法，输入和输出表征的含义等，而实现

---

① 张旺君：《系统适应性层级进化思想研究》，《系统科学学报》2021 年第 2 期。
② 〔美〕欧阳莹之：《复杂系统理论基础》，田宝国、周亚、樊瑛译，上海科技教育出版社，2002，第 70 页。
③ 陈刚：《世界层次结构的非还原理论》，华中科技大学出版社，2008，第 61 页。
④ 陈刚：《世界层次结构的非还原理论》，华中科技大学出版社，2008，第 68 页。

层表明这些表征如何被物理地实现，从局部性质到整体性质的大范围的计算。但是，马尔阐释了视觉计算理论三个层级的独立概念，没有进一步说明三个层级之间的关系。在符号主义看来，计算理论层类似程序的操作，表征与算法层类似符号主义的计算过程，实现层指的是符号计算实现的硬件。符号主义"集中于第二个层次即特定程序或算法层次。……它大体上忽略或不重视第三层次，即所谓'硬件不要紧'"①。

西蒙将认知分为三个层级：复杂行为层级、信息处理过程层级、生理层级。对此，普特南早期坚持三个层级的划分，即心理学的描述层级、计算的描述层级和生理的描述层级，但是到后期，弱化了中间层即计算的描述层级。派利夏恩（Z. Pilyshine）在《计算与认知——认知科学的基础》（Computation and Cognition: Toward a Foundation for Cognitive Science）（1985）一书中提出认知有三个层级即生理物理层、符号层、表征层，每个层级具有不可还原性，符号层级能被物理地实现，但是不能还原到生理物理层。丘奇兰德（P. S. Churchland）认为认知主要是"在程序层次上处理有意义的表象的问题"②，但是从神经系统的组成结构上来说，三个层级的划分是有问题的。在他看来，神经系统是由很多具有层级性的事物组成，这些事物都有自己的独特的实现层，那么，三个层级的划分不足以表达神经系统的多样性。进一步来讲，每一个层级可能是计算层级，也可能是程序实现层级。

对此，关于认知是否需要中介、是否需要计算层级，产生了"哲学上对'在心脑之间存在着一种计算机程序'层次的观点"③。塞尔否认存在计算层级，认为存在神经生理学层级和意向性层级两个层级，每一个层级内又存在着不同的有高层级和低层级之分的描述层级，"我们没有充分的理由去假设除了我们心理状态的层次和我们神经生理的层次以外，还存在着某些无意识的计算过程"④。从认知科学创立之初，认知科学家就重视层级

---

① 熊哲宏：《认知科学导论》，华中师范大学出版社，2002，第349页。
② 〔美〕P. S. 丘奇兰德：《神经科学对哲学的重要意义》，景键译，《哲学译丛》1989年第4期。
③ 熊哲宏：《认知科学导论》，华中师范大学出版社，2002，第352页。
④ 〔美〕约翰·塞尔：《心、脑与科学》，杨音莱译，上海译文出版社，1991，第42页。

概念，但是，"科学解释的这种多层次概念是近来才提出的，它是认知科学的主要创新之一"①。

"认知科学的解释要在不同的'描述层次'上进行，这在认知科学界几乎已经达成共识。尽管人们在划分多少层次以及各个层次如何界定问题上尚有争议，但是认知科学解释的层次性则是不言而喻的。"② 我们认为认知涌现论有两个层级即心理层级和物理层级，它主要研究部分与整体、微观现象和宏观现象之间的关系。认知涌现论的"最终目标是提供不同层次间的关系之说明和对所观察到的等级体如何形成的说明：什么东西产生层次？什么东西使之分离？什么东西使之联系？"③

认知科学从符号主义、联结主义到具身认知，认知涌现论的认知单元从符号、亚符号到由身、心、环境组成的统一体，反映了认知科学从离身思维方式转换到具身认知方式。认知科学认知层级的划分随着认知科学范式的不同发生变化。离身认知科学阶段划分了三个层级，而在具身认知科学阶段，认知科学家反对认知是计算和表征，去掉中间层级，承认两个层级的划分：心理现象和物理现象或者意识和物质的划分。复杂性科学和认知科学对于层级的认识和解释，说明涌现过程是一种异质的生成过程。

第二节　认知涌现论的解释机制

无论认知的层级被划分为三个还是两个，我们都认为认知的层级关系在部分与整体、微观和宏观之间展开。学界认为层级是认知涌现论解释机制的基础，将部分与整体、微观和宏观统一用低层级和高层级术语进行表述，以认知的还原论解释机制为起点，分析心理现象和物理现象之间的各种解释机制。

---

① 〔智〕F. 瓦雷拉、〔加〕E. 汤普森、〔美〕E. 罗施：《具身心智：认知科学和人类经验》，李恒威等译，浙江大学出版社，2010，第 35 页。
② 熊哲宏：《认知科学导论》，华中师范大学出版社，2002，第 343~344 页。
③ 〔英〕P. 切克兰德：《系统论的思想与实践》，左晓斯、史然译，华夏出版社，1990，第 102 页。

一　还原论的解释机制

还原论（Reductionism）的基本预设是：所有复杂系统可以通过简单组成部分来加以解释，只要掌握了部分的性质，就能知道系统的性质。还原论脱胎于古代以留基伯和德谟克里特为代表的原子论思想，到了 17 世纪，科学纷纷从哲学中分离出来，并取得了快速发展，牛顿力学的影响在 19 世纪达到了顶峰。还原论在自然科学和社会科学中都被广泛应用，特别是现代科学的发展，到处充斥着还原论的影子，还原论在物理学和化学领域取得很大成功。还原论对哲学产生了影响，使哲学领域出现了本体论的还原论、方法论的还原论等。还原论采用分析的方法，认为原子是最小的、不可分的，事物可以还原到原子的层级进行解释。物理主义预设世界是统一的，物质是最基本的实在，无论是自然现象还是社会现象都统一于物理世界，认为物理学是最基础的学科，世界无论是自然世界还是人类社会都是由物理事物构成的，都可以还原为物理的基础进行解释。比如，化学现象可以还原到物理学进行解释，生物运动形式可以归结为物理—化学形式。

物理主义的突出特征为坚持还原论。还原论是逻辑经验主义统一科学使用的基本工具。为了实现科学的统一，逻辑经验主义提出要用逻辑分析的手段改造科学，认为能用经验证明的就属于科学范围，形而上学经不起经验的检验，因而不在实证的范围，应该予以排除在科学范围之外。在其看来，要实现科学的统一，必须建立一门基础的科学，而物理学是最好的科学，所有科学都可以还原到物理学的层级进行解释和说明，这样就能实现科学的统一。

在物理学领域，盖尔曼（M. Gell-Mann）认为，统一量子场理论可以实现对自然界现象的解释。也就是说，所有自然现象都可以还原到基本粒子进行解释。同样，他也承认自然界有偶然事件。这说明了盖尔曼认识到还原论也是不完备的。在讨论连续层级理论时，他认为自然界的基本规律可以用来解释连续层级，"虽然在原则上是可能从组织的一个层次'还原'到前一个层次，但是还原本身并不是理解自然的恰当策略"[1]。在某种程度

---

[1] 〔美〕保罗·库尔茨：《湍动的宇宙》，郑念、王丽慧译，上海交通大学出版社，2018，第 86 页。

上，盖尔曼是认可涌现论的。同样，还原论者温伯格（Steven Weinberg）将还原论看作对自然和世界的态度，自然本质如此，但他"不认为基本粒子物理学的问题就是科学甚至物理学中唯一有趣和重要的问题；我不认为化学家就该放下他们手中的事情而投入到解决不同分子的量子力学方程；我不认为生物学家该忘却整个植物和动物而只考虑细胞和 DNA"①。

认知科学中有各种形式的还原论，将心理状态还原为某种功能状态，或者将心理现象还原成大脑的神经状态，形成了认知科学中的符号主义和联结主义，其缺陷在于忽视了心的本质。对于层级关系，同样如此。还原论认为高层级的属性可以还原到低层级来解释，或者说等同于低层级的属性，只要低层级的属性不发生变化，那么，高层级的属性是不会发生变化的。就心理现象和物理现象而言，还原论认为"世界上的每一种现象，包括最高层次的心理现象，都可以还原为物理和化学"②，低层级的机制和过程，是高层级实现的基础。高层级受到低层级规律的约束，并遵循低层级的规则。"世界上不存在真正的突现的实在、过程和状态"③，所有事物都是物理的，最终世界的图景都是物理世界，是没有差别、整齐划一的。

金在权认为因果关系在法则上是充分的，而法则充分性是可传递的，也就是说，如果在法则上，P 对于 M 是充分的，M 对 P* 是充分的，那么 P 在法则上对于 P* 也是充分的，P 是 P* 的原因，所以 M 是副现象。

金在权力图通过还原论解决心理因果性问题，由于采用的是功能还原，仍然面临非还原物理主义哲学家的诸多质疑与批判。他从本体论的角度建构精致的层级世界观以维护其提出的因果排斥论证，坚持心理因果性的实在性地位，以此来消解涌现论的下向因果关系。

还原论要想取得成功，单靠单一的方法会受到很多限制，无论是本体论的还是经验的还原论都是不完备的。在科学领域中，科学发展证明量子理论只能部分地解释化学现象。在社会领域，还原论在社会科学中并没有

---

① 〔美〕斯蒂芬·温伯格：《终极理论之梦》，李泳译，湖南科学技术出版社，2018，第 47 页。

② C. Emmeche, S. Køppe, F. Stjernfelt, "Explaining Emergence: Towards an Ontology of Levels," *Journal for General Philosophy of Science* 28（1）（1997）: 87.

③ 高新民、沈学君：《现代西方心灵哲学》，华中师范大学出版社，2010，第 57 页。

取得成功，因为人具有主体性。还原论的积极意义在于反对活力论，主张用物理、化学的方法来研究生命现象，预设了世界是分层级的，才有了还原的可能。但是，特别是在心理现象和物理现象方面，实际上是消解了心理方面，否认心理和物理之间的关系，从辩证唯物主义来看，消除了认知科学哲学的基本问题。另外，还原论也会导致心理的副现象，心理现象最终成了一个因果无效的物质的副现象。

二　非还原论的解释机制

许多哲学家将亚历山大对涌现的解释归于是"自然的虔诚"，这使得亚历山大的涌现观被罩上神秘的光环。其实，在《时间、空间和神性》第四部分，亚历山大讨论的是上帝的神性，而非上帝。上帝和上帝的神性在亚历山大看来是有差别的，上帝是存在的最高层级，上帝的神性是无限的，具有经验性质，"上帝的神性并不是在程度上不同于精神，而是在性质上不同于精神，作为一系列经验性质中的新奇事物"①。这导致亚历山大的观点很难被正确解读。其实，在亚历山大看来，能量不仅在自然界适用，也同样适用于精神世界。虽然涌现是自下而上神的"冲动"所推动的，但是他认为这些"冲动"的性质具有物质力，"能量是物质的经验性质，不属于精神或生命。然而，很容易把'活力的'或'精神能量'这两个短语解释为与物质等效的能量；以这种方式观察，将能量守恒应用于生命和心灵的困难就消失了"②。所以，"毫不奇怪，金和麦克劳克林（Kim and McLaughlin）都善意地将亚历山大重新解释为一个致力于基本的非物质力量的反物理主义者"③。

但是，我们认为亚历山大的观点是非还原的物理主义，或者称他的学说为"拼凑的物理主义"。亚历山大的层级理论，总的来说，是存在论的

①　S. Alexander, *Space, Time and Deity: The Gifford Lectures at Glasgow, 1916–1918* (Canada: Palgrave Macmillan, 1966), p. 350.

②　S. Alexander, *Space, Time and Deity: The Gifford Lectures at Glasgow, 1916–1918* (Canada: Palgrave Macmillan, 1966), p. 285.

③　C. Gillett, "Samuel Alexander's Emergentism: Or, Higher Causation for Physicalists," *Synthese* 153 (2) (2006): 262.

本体论，主张本体论上的不可还原的物质基础，高层级涌现属性是通过低层级属性的结合实现的，从而"保留了一个具有更高层次属性的分层世界"①。亚历山大的层级理论和物理主义的本体论、涌现是不可分割的。他认为时空是最基本的存在，世界是分层级的，保持了本体论的物质基础。亚历山大认为时空是最基本的存在，事物在时空中生成，并按照一定的层级构成整个宇宙；种类是事物最基本的特征，同时，事物具有经验属性。"属性构成一个层级，存在的每一层级的属性与下一层级的元素的某种复杂性或组合相同。"②"在一个分层的'层级'中，存在着一种更高层级和更低层级属性的拼凑，相互之间存在着实现关系，而且个体的层级实例化了这些有差别的涌现属性。"③ 在心理现象和物理现象之间同样如此，心理属性通过生理特性与物理的或者神经系统联系起来，神经系统是"心灵的承担者，它也是生理上的，因为它与纯粹生理事物有生理关系"④。高层级的心理属性不能还原到神经元，心理属性一旦涌现出来，会对神经系统产生部分的、非决定的因果作用，"精神属性将通过实现者贡献的因果力的中介'间接'引起身体运动"⑤。亚历山大的立场是在高层级的涌现属性和实现者之间建立联系，也恰恰是"通过其对涌现属性的实现的拼凑，因此保存了一个分层的物理主义宇宙"⑥。

在吉勒特（C. Gillett）看来，亚历山大认为宏观涌现性与微观物理属性和关系的组合的实现是一致的，也就是说，微观物理属性是宏观属性涌现的必要条件，必须同时实例化某个微观物理属性，涌现才算是实现了。

① C. Gillett, "Samuel Alexander's Emergentism: Or, Higher Causation for Physicalists," *Synthese* 153 (2) (2006): 289.
② S. Alexander, *Space, Time and Deity: The Gifford Lectures at Glasgow, 1916 – 1918* (Canada: Palgrave Macmillan, 1966), p. 428.
③ C. Gillett, "Samuel Alexander's Emergentism: Or, Higher Causation for Physicalists," *Synthese* 153 (2) (2006): 288.
④ S. Alexander, *Space, Time and Deity: The Gifford Lectures at Glasgow, 1916 – 1918* (Canada: Palgrave Macmillan, 1966), p. 349.
⑤ C. Gillett, "Samuel Alexander's Emergentism: Or, Higher Causation for Physicalists," *Synthese* 153 (2) (2006): 286.
⑥ C. Gillett, "Samuel Alexander's Emergentism: Or, Higher Causation for Physicalists," *Synthese* 153 (2) (2006): 288.

高层级的涌现属性对低层级的影响和作用是部分的、有条件的。微观物理实现者对因果力量有贡献，其中一些贡献仅在特定条件下作出，这也是亚历山大的"条件的观点"；宏观涌现属性不是形而上学的"无物"，而是"实现者"，换言之，属性实例的涌现和实现者是一致的；实现属性实例的涌现甚至可以在弱意义上被称为"构型力"，因为它将改变质量的运动，并且只在聚合中实例化。[①]

"亚历山大的涌现论对于当代非还原物理主义者来说似乎是至关重要的，因为它为这些哲学家提供了可以捍卫他们承诺的少数几种可能的方法之一。"[②] 帕斯莫（J. Passmore）认为亚历山大是一位物理主义者，更是澳大利亚哲学之鼻祖。

三　定律的解释机制

布罗德在《心灵及其在自然中的位置》中提出跨层定律。他认为"心灵确实在物质世界中出现，以所有的表象来看；而且它确实是针对所有的表象而存在的，与某些特殊的物理对象，即活的动物有机体紧密地结合在一起。并且，在与这样的有机体产生连接之后，心灵的确开始对物质世界中的事物和事件进行感知、思考、行动、感受情感，以及赞成或反对。它也不会把注意力局限在这些物体上。一个心灵可以对自己、他心以及对物质和事件进行所有这些行为；而我们最了解的心灵几乎与物质一样关心自己和他心。即使这样，也不会耗尽大脑不时关注的对象"[③]。

对生命现象的解释，布罗德将机体论分为实体活力论、生物机械论、涌现活力论。"隐德来希"一词，源于希腊语ἐντελέχεια、拉丁语 entelecheia 的音译，是完成、实现的意思，又指整个世界的"第一推动者"——神。实体活力论认为"隐德来希"是生命的基本特征，是从外界施加给物质的，

---

① C. Gillett, "Samuel Alexander's Emergentism: Or, Higher Causation for Physicalists," *Synthese* 153（2）（2006）：272-284.

② C. Gillett, "Samuel Alexander's Emergentism: Or, Higher Causation for Physicalists," *Synthese* 153（2）（2006）：289.

③ C. D. Broad, *The Mind and Its Place in Nature*（London：Routledge & Kegan Paul, 1925），p. 4.

"在逻辑上是可能，但是在实际上是不能满足的"①，仅仅是一个假设的纯粹实体，应当被抛弃。生物机械论沿袭了还原论的老路子，认为整体的属性可以从孤立组分的结构和行为中推导和预测，它也是存在局限的。涌现活力论是最有希望的和最有前途的理论，心智一旦涌现出来就具有自己的地位。

布罗德认为涌现可以通过跨层（或跨序）定律解释。跨层定律是从不可约或者不可还原的角度解释不同层级之间的涌现机制，研究相邻层级关系的定律，其基本含义是，"如果顺序 B 的每种集合都是由顺序 A 的集合组成，如果它具有某些顺序 A 集合所不具备的属性，而这些属性是不能从顺序 A 集合的属性和顺序 B 的复杂结构中通过任何在较低层级上表现出来的结合律推导出来的，那么 A 和 B 是相邻的，并按升序排列"②。层内（或序内）定律是关于相同顺序集合的属性关系的定律，例如生命的繁衍和新陈代谢、应激能力、遗传等之间的关系。布罗德从规则方面解释涌现机制，在他看来，"跨序定律和其他定律一样好；而且，一旦它被发现，它就可以像其他任何东西一样被用来建议实验，做预测，并给我们实际控制外部物体的能力"，这些涌现属性是可以被观察到的，"必须被'看到并相信'"③。

但是，布罗德只是对高层级和低层级的排序进行了说明，并没有真正解释涌现产生的机制，因此他的理论也是不完善的。内格尔在《科学的结构》（*The Structure of Science*）（1961）一书中提出桥梁法则，起初用于理论间还原，其含义是：高层级属性通过桥梁法则关联于低层级的法则上共存的属性，即在理论之间建立对应规则，基础理论作为一个必要条件，再加上一个附加条件，但是桥梁法则不是还原理论和被还原理论的部分，只是二者之间的一个关联项。然则在《科学革命的结构》一书中，库恩认

---

① C. D. Broad, *The Mind and Its Place in Nature* (London: Routledge & Kegan Paul, 1925), p. 60.

② C. D. Broad, *The Mind and Its Place in Nature* (London: Routledge & Kegan Paul, 1925), p. 78.

③ C. D. Broad, *The Mind and Its Place in Nature* (London: Routledge & Kegan Paul, 1925), p. 92.

为，新旧理论之间没有联系二者的"桥梁法则"，它们之间是不可通约的。在《物理世界中的心灵》中，金在权反对桥梁法则的还原，认为心理属性还原为物理属性，会引起二元论、两面论和副现象论。另外，戴维森的异常一元论和普特南的多重实现，也表明了桥梁法则行不通。

四　低层级的解释机制

第一，基于转化的解释机制。印度哲学家巴斯帕蒂认为涌现就是转化，是物质元素结合体的转化。精神属性依赖于物理基础，是在物质元素结合过程中转化产生的。转化的涌现意味着"只有当元素处于一个活着的身体中时，它们才具有认知能力，而这些能力在它们的其他种类的组合中或没有组合时是根本没有的"①，只有元素作为整体的部分时，微观实体才会实例化，才会被转化，从而使宏观实体产生新的因果力。巴斯帕蒂认为生命体、感觉、物体都是土、火、空气和水的组合体，根据同感（homopathic）原则转化，在转化的状态下，组合体是对精神属性的示例，意识从这四个元素的组合中产生。物质是思维产生的唯一原因，物理属性使得心理属性得以实现，并产生因果力。当身体元素被激活时，作为整体的部分组合发生转化时，意识就会产生，并且心理涌现属性有利于之后产生的新涌现属性的转化，并作为一个辅助的物质因果关系，解释新涌现的属性，使得心身解释转化成心心解释，这在一定程度上解答了金在权的物理因果闭合原则的难题。

加内里（J. Ganeri）进一步阐释了转化理论，"心理状态的涌现只发生在一个动力系统中，这个动力系统的物理状态处于由元素的融合及它们的微观因果力的融合所产生的不断变化的过程中。该动力系统中的微观动力学共同规定了系统在任何给定时间全部的物理状态和精神状态，并且仅参考系统在早期的物理状态和精神状态"②。"一旦我们找到了最小自我意识的策划者，辅助因果关系的模型就展示了如何进入一个具身的和内化为自

①　J. Ganeri, "Emergentisms, Ancient and Modern," *Mind* 120 (479) (2011): 688.
②　J. Ganeri, "Emergentisms, Ancient and Modern," *Mind* 120 (479) (2011): 692.

我的解释中。"① 他认为巴斯帕蒂的物质因果关系具有随附性。就汉弗莱斯的融合理论来说，加内里认为他并没有消除精神产生的物质基础，只是"转化涌现与融合涌现的区别在于其技术幌子，转化理论希望支持大多数人认为涌现是基于随附关系的观点"②。他用协方差理论论证了精神和身体的关系。协方差理论是指两个变量的状态是相同的，"身体状态和精神状态之间存在着'存在与不在'的关系，结论是精神状态是身体状态"③，对于随附性而言，精神状态是随附于身体的，二者之间是不对等的关系，而"协方差是完全对称的"④，这避免了副现象论。

巴斯帕蒂将心理现象和物理现象联系起来，从另一个方面深化了辩证唯物主义的物质和意识的关系，其基础预设是物质基础的随附性，转化过程带有某种神秘性，暗含物质具有心灵的属性，会走向泛心论。加内里的协方差理论从形式化方式论证心理和身体的关系，不能赋予心理状态任何意义，缺失意义的表达。

第二，基于潜能的解释机制。亚里士多德最早提出潜能概念。他在《形而上学》一书中，对潜在性（potentiality）和实在性（actuality）进行了区分。潜能和现实是对质料和形式关系的进一步解释。亚里士多德认为世界是质料和形式的统一体，不存在没有质料的形式，也不存在没有形式的质料，形式是事物的原因，形式使得质料成为个体。质料是潜在的，质料具有潜能，形式统摄质料后，具有潜能的质料才能被实现，潜能实现后就是现实，运动使得潜能变为现实。"形式是现实的质料，是把质料实现出来的这样一种过程、活动。"⑤ 现实在逻各斯（logos，实在之意）、时间上和实体上都优先于潜能。潜能和现实是本体的不同存在方式。

就灵魂和肉体的关系而言，亚里士多德认为"灵魂就是潜在具有生命的自然躯体的第一现实性"⑥。他认为灵魂是形式，肉体是质料，肉体是生

① J. Ganeri, "Emergentisms, Ancient and Modern," *Mind* 120 (479) (2011): 697.
② J. Ganeri, "Emergentisms, Ancient and Modern," *Mind* 120 (479) (2011): 696.
③ J. Ganeri, "Emergentisms, Ancient and Modern," *Mind* 120 (479) (2011): 680.
④ J. Ganeri, "Emergentisms, Ancient and Modern," *Mind* 120 (479) (2011): 680.
⑤ 邓晓芒：《古希腊罗马哲学讲演录》，北京联合出版公司，2016，第144页。
⑥ 苗力田主编《亚里士多德全集》第3卷，中国人民大学出版社，1992，第31页。

命体的潜在质料，但不完全是生命体，灵魂通过运动使得肉体成为生命体。生命的本质在于创造力。

在论述层级实现机制时，奥康纳认为涌现属性是低层级事物存在的潜能，当具备了一定条件，就转化为高层级的涌现属性。他认为涌现属性"是潜在基础属性的某些联合因果潜能的函数。因此，突现属性的持续例示是完全依赖于物体微观结构中的某个系列属性或分支系列属性。然而，它将因果影响施加到事件的微观层面的模式上，这种因果影响不能还原为基础属性的直接因果潜能。这种思想指的是，微观物理属性通常局部展现个别潜能——这种潜能在相当孤立的环境中可以被识别出来——但同时也具备了作为整体去产生（与共存于某个合适的系统环境中的其他属性合作）这个系统的突现属性的能力"。在《物理实现》一书中，舒梅克（S. Shoemaker）认为，涌现属性随附于物理属性，涌现论的宏观性质是在微观显现力量和微观潜在力量共同作用下实现的，并且是"微观—潜在力量在微观—显现力量上的随附性"[1]。涌现不是凭空产生的，随附于低层级的基础属性，具有不可还原性、潜在性。

第三，基于组装的解释机制。自组装，一般指化学领域中的自组装，自组装研究基本结构单元的结构和性质，是指结构单元例如分子、纳米材料、大分子等自发聚集为稳定的、有一定规则的几何外观结构，是这些基本结构单元整体协同作用组成的聚集体。基本单元、聚集方式、环境不同，都会影响自组装的结果。自组装采取自下而上的方法，具有自发性、有序性、交互性、结构性等特征。相对于系统来说，自组装指的是系统在没有外界干预的情况下，通过部分之间相互作用而实现的一种从无序走向有序的稳定结构态。

近年来，自组装技术在化学、生物学、材料科学等各个领域取得了较快的发展，在生命过程中显示出越来越重要的作用。例如，非共价键产生的化学反应、生物体的细胞就是一个自组装的过程。"一方面，模拟生命体的行为，是自组装领域的一个重要策略。某种意义上，我们可以将生命体看作经过长期的自然选择所形成的，结构复杂，功能强大的

---

① 〔美〕西德尼·舒梅克：《物理实现》，王佳、管清风译，商务印书馆，2015，第111页。

组装体；相比之下，人工的自组装体系在结构和功能层面都显得十分初级。因此，自然界是自组装研究汲取灵感的源泉。由此出发，最终跨越化学与生物的鸿沟，深入理解生命体的各种复杂行为，则是自组装的终极使命。"①

邦格认为所有物质都是以系统方式存在的，宇宙就是一个大系统、大聚集体。这些系统相互联系，不存在孤立的系统。邦格将世界的系统按照层级划分，由低到高分为五类：物理、化学、生物、社会和技术。每一个层级又有自己的子层级。除了世界或者宇宙，"每一层的系统都是在低层实体的组装过程中产生的"，并"每一个组装过程都伴随至少一种特性的涌现"②。所以，高层级系统也是在低层级系统自组装过程中产生的。

但是，这些解释都是不完备的，要么借助神的指示，要么滑向泛心论，即使在科学的框架下进行解释，也不是充分的解释。语境涌现，作为语境分析的一种方法，引入偶然语境作为充分条件，加上低层级这个必要条件，使得高层级属性在低层级得到解释，这为涌现机制的解释提供了一个新的方法。

第三节　条件关系的解释机制

认知涌现论预设认知是分层级而存在的，不同学者和流派对于认知层级的划分有不同的认识。在认知科学中，符号主义学派将认知的层级划分为心理的、计算的和物理的三个层级，具身认知科学家将认知划分为心理的和物理的两个层级。语境涌现基于认知有心理的和物理的两个层级，从层级关系来解释二者之间的关系；认为高层级根据解释需求引入偶然语境作为低层级实现解释的充分条件，为认知涌现论的本体论、不可还原性提供辩护，在科学的基底上将心理现象和物理现象统一起来。

---

① 中国科学技术协会主编，中国化学会编著《2014—2015 化学学科发展报告》，中国科学技术出版社，2016，第 167 页。

② M. Bunge, *Scientific Materialism*（Dordrecht & Boston & London：D. Reidel Publishing Company, 1981），p. 29.

一　语境涌现的解释机制

简单来讲，语境涌现是指物理系统和其他系统的不同描述层级之间的一种非还原性的而定义明确的关系。[①] 语境涌现预设高层级涌现属性需要同时满足充分必要条件，才能在低层级得到解释。语境涌现指的是低层级的基础理论为高层级的涌现属性提供了必要条件，但不是充分条件。解释高层级的新属性时必须在低层级的基础上再引入一个偶然语境作为充分条件。从本质上来说，语境涌现研究的是条件或语境关系，在事件的前语境再加入一个相关语境，对事件在一个更广泛（充分必要）的语境中进行科学解释，并将语境和拓扑学结合起来，研究高层级的属性是如何在低层级得到解释的。

偶然语境是高层级属性涌现实现的充分条件。引入一个偶然语境是指引入一个新的语境拓扑修改低层级的拓扑，使得高层级的涌现属性得以表达。偶然语境不是在低层级状态中给出的，也不能在低层级使用，是作为低层级描述中的稳定性准则，这些准则是"作为一个参考状态来实现的，它的渐近展开式在低层级状态空间中是异常的。它的规则化定义了一种新颖的语境拓扑"[②]。偶然语境根据解释新属性的性质和目的由高层级确定，具有随机性。

毕肖普（R. C. Bishop）指出，语境涌现是条件，"是指域 A 为域 B 的元素的描述或存在提供必要条件的情况，但是域 A 缺乏域 B 元素描述或存在的充分条件。也就是说，完成一组域 B 元素描述或存在的联合充要条件所需的充分条件不能仅从域 A 得到。域 B 的信息——一个涌现语境是至关重要的"[③]。"高层级属性既不是低层级描述的逻辑结果，也不能只从低层级描述严格地推导出来。"对此，可以引入偶然语境作为解释高层级属性

---

① H. Atmanspacher, "Contextual Emergence from Physics to Cognitive Neuroscience," *Journal of Consciousness Studies* 14 (2007): 1.

② R. C. Bishop, H. Atmanspacher, "Contextual Emergence in the Description of Properties," *Foundations of Physics* 36 (12) (2006): 1774 – 1775.

③ R. C. Bishop, "Whence chemistry?" *Studies In History and Philosophy of Science Part B: Studies in History and Philosophyof Modern Physics* 2 (2010): 176 – 177.

的充分条件，所以，"可以根据较低层级的描述加上偶然语境条件来推导较高层级的特征"，而语境拓扑是神经状态和心理状态拓扑等价的方法。"拓扑等价保证了 X 和 Y 之间的映射是忠实的，因为这两个状态空间表征产生了系统的等价信息。"语境涌现不仅在物理学、生物学、心理学、社会学、化学等方面都有研究，而且也适用于"物理的和心理之间关系"①的解释。

例如物理学中的热力学温度。热力学第零定律对温度进行了定义。热力学温度是统计力学的涌现属性，"从一个现象学的角度引入"②。所以，统计力学是热平衡产生的必要条件，但不是充分条件。因为，温度和统计力学是不同性质的，温度不具有力学的性质。温度是集合的概念，热力学性质假设有无数个自由度，即热力学极限 $N \to \infty$。"这是支持涌现的一个重要事实：在这些情况下，如果不使用更高层级的概念来识别所发生的事情，就不可能在较低层级解释。""在较低层级的解释中，这种识别永远不会被完全抛弃，因为在最终通过低层级的解释中，人们可能永远不知道它是对哪个较高层级现象的解释。"③ 所以高层级根据确定发生的结果，识别发生的过程和条件是必须的，以便确定偶然语境，并在低层级实现解释。

为了实现对高层级热平衡的解释，需要引入偶然语境 KMS。KMS 不是低层级的统计力学给出的，作为低层级的稳定条件和参考状态，产生一个新的语境拓扑（gel'fand-naimark-segal，GNS），根据新语境拓扑解释了热力学温度。"KMS 条件本质上实现了热力学第零定律作为统计力学层级上的稳定标准。"④ 也就是说，引入偶然语境 KMS，产生新的语境拓扑，低层级的理论根据新的语境拓扑建立了新的可观察代数——以现象的形式得到表达，解释了热力学温度。偶然语境不是任意选取的，是联系高层级和低层

---

① H. Atmanspacher, "Contextual Emergence from Physics to Cognitive Neuroscience," *Journal of Consciousness Studies* 14（2007）：13 – 14.

② H. Atmanspacher, "Contextual Emergence from Physics to Cognitive Neuroscience," *Journal of Consciousness Studies* 14（2007）：7.

③ C. Emmeche, S. Køppe, F. Stjernfelt, "Explaining Emergence：Towards an Ontology of Levels," *Journal for General Philosophy of Science* 28（1）（1997）：103 – 104.

④ H. Atmanspacher, "Contextual Emergence from Physics to Cognitive Neuroscience," *Journal of Consciousness Studies* 14（2007）：7.

级的中介，根据高层级的需要确定，将高层级引入低层级进行解释。

　　相应地，心理现象和物理现象（或者生理的）是如何关联的？简单来讲，就离身认知涌现论而言，认知是神经元相互作用的整体涌现。但是，根据语境涌现原则，神经元只是认知产生的必要条件，而不是充分条件。高层级的认知——心理现象作为涌现的属性，还必须引入一个偶然语境作为连接物理现象和心理现象的中介，并作为低层级的物理的稳定条件和高层级的充分条件。语境拓扑作为偶然语境和低层级神经元的动力学基础构成意识涌现的充分必要条件，它也为心理状态是神经状态的多重实现提供了解释依据。基本解释过程如下。

　　状态空间表示系统所有可能状态的集合。神经状态用神经状态空间表示。即假设 X 是神经系统的状态空间，Y 是心理系统的状态集合。Y 属于符号动力学，每种符号代表一种心理状态。X 是粗粒度的拓扑空间，动态稳定的心理状态 Y 要求引入语境拓扑，根据语境拓扑，对 X 进行分区，产生新的拓扑结构，"使 X 中出现有限容量的细胞，这些细胞可以用来表征 Y 中的心理状态"[①]，并结合 X 的动力学原理，根据拓扑等价原理，实现了 X 和 Y 之间的映射，即神经系统的状态空间和心理的状态空间是拓扑等价的，二者是兼容的。

　　引入偶然语境实现数学上对神经状态和心理状态进行科学的解释，所以，"有一种数学上定义良好的程序，可以根据较低层级的描述加上偶然语境条件来推导较高层级的特征"。就神经状态和心理状态而言，"生成分区由神经状态的动力学定义，产生特定的、动态稳定的等价类神经状态，这些等价类可以被符号化地重新定义为心理状态"[②]，实现心理状态的多重解释，语境涌现为科学解释认知涌现论的机制提供了一种可能。

　　语境涌现基于低层级的基础，引入偶然语境，实现对高层级的解释。在这里，语境是作为一个条件而存在的，采用数学方法，对于认知涌现论给予科学的解释，这也为认知涌现论的科学性进行了辩护。此外，语境涌

---

① H. Atmanspacher, "Contextual Emergence from Physics to Cognitive Neuroscience," *Journal of Consciousness Studies* 14 (2007): 11.

② H. Atmanspacher, "Contextual Emergence from Physics to Cognitive Neuroscience," *Journal of Consciousness Studies* 14 (2007): 14.

现指出，低层级是高层级属性产生的必要条件，而不是充分条件，一方面，心理属性必须随附于神经元这个物理基础；另一方面，高层级的涌现属性具有不可还原性，暗示了高层级对低层级的下向因果关系。因此，语境涌现同时为随附性和非还原的物理主义辩护，涌现论是"补充（而不是反对）适当的随附关系"①。语境涌现引入偶然语境没有违背物理领域的因果闭合原则，通过语境拓扑，实现心理现象和物理现象的拓扑等价，在物理领域解释了心理现象。

二　边界条件的解释机制

同样，英国著名哲学家波兰尼（M. Polanyi）认为生命是以层级出现的。作为层级的实体，每一层级既受到本层级基本定律的影响，又受到它与更高层级的结构和接合原则的控制，"每一层级的操作都依赖于它之下的所有层级，每一层级通过在其上施加一个边界缩小紧挨的下个层级的范围，使该边界能够为下一个更高层级服务，并且这种控制逐级向下传递到基本的无生命的层级"②，不能还原到低层级进行解释。高层级为低层级的运行提供了边界条件。边界条件具有双向作用，一是在于为低层级设限，实现高层级对低层级的控制，二是使低层级为高层级服务，高层级不能还原到低层级，低层级运行规律不受高层级影响。"边界条件利用较低层级的原则为一个新的较高层级服务，在这两个层级之间建立了一种语义关系。较高层级理解较低层级的工作方式，从而形成较低层级的意义。当我们沿着边界的层级上升时，我们达到意义的更高层级。当我们从一个阶段上升到另一个阶段时，我们对整个层级的理解不断加深。"③ 例如，DNA 作为生命的边界条件，实现双层控制。对于人类而言，"进一步控制生命的原则可以被表示为一个层级的边界条件，延伸到意识和责任"④。

---

① H. Atmanspacher，"Contextual Emergence from Physics to Cognitive Neuroscience," *Journal of Consciousness Studies* 14（2007）：14.

② M. Polanyi，"Life's Irreducible Structure," *Science* 160（3834）（1968）：1311.

③ M. Polanyi，"Life's Irreducible Structure," *Science* 160（3834）（1968）：1311.

④ M. Polanyi，"Life's Irreducible Structure," *Science* 160（3834）（1968）：1312.

默识双层法则——高原则和低原则之间的关系也体现了层级原则。综合实在遵守默识的双层法则，认为高原则"不能由适用于其部分自身的法则来定义"，但是，高原则的运行"依赖控制低层级的法则的运行"①，高原则具有不可还原性、涌现性。波兰尼引入默会知识，将默识知识作为联结层级间的杠杆，并将双层法则传递到默会知识逻辑结构，"默识知识的"逻辑结构，被视为适用于联合双层标准的本体论结构"②。同样，在心理属性和物理属性之间，心理的涌现属性有赖于神经系统的相互作用，不能还原为神经的生物物理——化学原理，通过引进默会知识——想象力来解释连续层级的关系。他认为创造就是涌现，具有不可还原性。想象力是创造的一种动力，"为创造行为准备基础，创造行为最终是自身发生的"，是在身体的物理基础上实现的。随着注意力的转移，默会知识会随之变化，因此，默会认识是动态变化的。默会知识逻辑的作用在于："（1）分层级存在的高原理只有通过我们寓居于高原理于其中活动的低原理的边界条件之中，才能够被理解。（2）这种寓居同将我们的注意力固定于控制低原理的法则上在逻辑上是势不两立的。"③ 因此，"无论是在同一层级的整合建构，还是不同层级的整合建构，都是由这种默会认知瞬时生成的一种新的'意义境'，亦即在'突现'中生成的'新实在'"④。波兰尼认为认知是主体参与认知客体的涌现的意义境，主体与存在是同构或者映射的。波兰尼的层级理论将人类认知的主体和客体以层级的形式统一起来，"主动意识活动的发生，是在客观存在和人的身体的互动过程中发生的全新的精神场境突现"⑤。这种综合式的涌现意识场境说明认知涌现论是语境性的，默会知识结构发生变化，意味着语境发生变化，认知结果随之发生变化。人类认

---

① 〔英〕波兰尼：《社会、经济和哲学——波兰尼文选》，彭锋等译，商务印书馆，2006，第362页。

② 〔英〕波兰尼：《社会、经济和哲学——波兰尼文选》，彭锋等译，商务印书馆，2006，第363页。

③ 〔英〕波兰尼：《社会、经济和哲学——波兰尼文选》，彭锋等译，商务印书馆，2006，第366~369页。

④ 钱振华：《科学：人性、信念与价值——波兰尼人文性科学观研究》，国家知识产权局知识产权出版社，2008，第248页。

⑤ 张一兵：《波兰尼：意识突现结构中的综合意会实在》，《学术交流》2020年第1期。

知是人与实体相互作用生成的涌现的意识场境，这个场境不断破境，又被建构，不断往复，形成人类的知识。

埃美切、科佩和斯泰恩费尔特提出涌现循环的条件。以生物学为例，提出涌现的首次条件："（1）一个初级实体的构成以一个耗费时间的'达尔文试错'时期为前提，在这个时期，不同种类的潜在初级实体被创造并消亡。（2）一种形式赢得了战斗，然后，原则上，只有一种（或极少数）特定的局部形式存在（DNA 是生命的约束条件）。从一个非常糟糕的本体论开始，它后来变得越来越复杂。（3）当初级成分独自存在时，初级实体就不会在局部重复出现。当 DNA 和细胞被确立为初级实体时，它就不会再被创造。初级层级是由一系列随后涌现的过程组成的，……然后，层级可以由它的实体和实体之间的关系来定义。"接着，他们对后续层级涌现的条件进行了界定："（1）层层构成法将初级实体组织成一个新的关系结构。在随后的层级构成过程中，从初级实体发展出来的实体不能超越初级实体。不可能发展出不带有 DNA 的细胞的生物实体。如果发生了这种情况，它只能被理解为一个新的初级实体的构成。（2）子层级的实体总是被复制。也就是说，实体涌现的后期重复对子层级是特定的。"①

在这三位学者看来，涌现可以在科学的框架下得到解释，单独的涌现并不构成层级，层级是实体之间相互作用的整体涌现。他们进一步提出层级的包容性概念。包容性是指高层级的本体论可以存在于基础层级的本体论中，"意味着较低层级是较高层级的必要条件，而较高层级随附于较低层级"②，但是不能改变低层级的基本规律。层级的包容性与语境涌现是一致的：低层级是高层级产生的基础，但高层级不能还原到低层级。边界条件和偶然语境相对应，都是根据高层级的需要引入，实现对低层级的控制和作用。这些条件、语境的引入，充分说明认知涌现论是语境化的，语境发生变化，认知会随之发生变化。

---

① C. Emmeche, S. Køppe, F. Stjernfelt, "Explaining Emergence：Towards an Ontology of Levels," *Journal for General Philosophy of Science* 28 (1) (1997)：110.

② C. Emmeche, S. Køppe, F. Stjernfelt, "Explaining Emergence：Towards an Ontology of Levels," *Journal for General Philosophy of Science* 28 (1) (1997)：93.

第四节　语境的解释机制

认知涌现论与特定的语境有关，无论是对偶然语境的引入，还是对默会知识的分析，都是语境分析法在认知科学中的适应性表现，都是在低层级本体论的基础上对高层级涌现属性进行解释。这一方面坚持和维护了认知涌现论的科学性，体现了认知涌现论也是语境的、语境化的；另一方面为涌现论的"去神秘化"提供了科学依据，这些为认知涌现论作为一种科学研究范式奠定了基础。

一　认知涌现论和语境相关性分析

语境最早是在语言哲学中应用的。语境这一术语最早是波兰裔英国籍人类语言学家马林诺夫斯基（B. Malinowski）提出来的。英国语言学家弗斯（J. R. Firth）为了研究意义首次引入语境。最初人类使用语言的环境就是语境。语境不同，语用产生的意义也不同。语境是语形、语义和语用的统一。一般意义上，情景、条件、背景等，都是语境的不同表达。认知是依赖语境的，不能脱离语境而存在。从广义上来看，语境有语言语境、社会语境、文化语境等，这些语境是作为一个事件的语境，事件的意义在这些语境的共同作用下以整体的形式呈现出来。在某种程度上，行动或者事件"不必当做一个隐含的有机原则，而是被置于人际间，并被看做相互关系的"[1]。就认知过程而言，"理解是人际间的互动，认知是行动者与环境的互动"[2]，是整体的、交互的、动态的。语境的基础假设是变化和新奇，"变化产生新奇，新奇形成突现性质"[3]，因此，意义和认知也是语境涌现的。涌现论的主要特征为质的新颖性，二者都是在整体的基础上彰显事物的新属性。

语境的新奇是在事件结构上产生的。20 世纪 40 年代，美国哲学家派普（S. Pepper）根据组分之间的关系将新奇分为四种——"介入性新奇、突现

---

[1]　魏屹东：《语境论与科学哲学的重建》上册，北京师范大学出版社，2012，第 16 页。

[2]　魏屹东：《语境论与科学哲学的重建》上册，北京师范大学出版社，2012，第 165 页。

[3]　魏屹东：《语境论与科学哲学的重建》上册，北京师范大学出版社，2012，第 165 页。

性新奇、朴素性新奇和整合性新奇"①，这些说明了语境的涌现性。我们重点关注前两种。"介入性新奇"指的是"当一个组分与另一个组分交叉时，就意味着一个行动没有预料到有一个冲突的行动支持"②。"介入性新奇"强调语境元素的可变性、任意性、开放性。语境的任意性在于"可以不断地在不同事件及其结构之间做选择，也可以永远追求结构的许多组分和它们进入不同语境的方式"③。"突现性新奇"是指"一个组分绝对地开始或中断且不用解释"④，主要是质的新奇和结构新奇，前者指的是事件之间相互作用产生的新性质，后者是异质组分整合出现的新奇。实际上，"突现性新奇"指的是历时结构涌现，是弱涌现。语境不仅强调变化和新颖，而且强调元素之间的关系，事件性质、事件之间的关系以及事件或行动的意义是在元素构成的整体语境中得到表达。元素不同，事件及其关系也不同，语境发生变化，意义随之发生变化。这些为语境科学解释涌现论的产生机制提供了可能。

　　以上基于对语境内涵的分析，说明语境和涌现论在本质上都强调质的新颖性。语境涉及的范围更为广泛，强调意义的表达，包含对事件性质和结构、意义等研究。语境是开放的系统，特别是在更广的意义上来看，语境不仅指语用环境，社会、历史、文化、语言等都可以作为广义语境，这些语境又包含不同的子语境，例如，社会语境包括政治、经济、军事等，这些语境相互作用形成广义的社会语境。此外，语境是意义明确的概念，涌现论的产生过程是模糊的，甚至具有神秘性。语境是形式和意义的统一体，涌现更多的是形式，着重对部分之间关系、部分和环境的整合。认知的语境分析，认为认知是内因和外因的统一，认知是在特定的背景、条件下产生的某种认知结果。认知不仅需要诉求生物学基础——大脑神经系统，而且还要考虑外部环境如社会、文化等因素。所以，不仅广义语境可以进一步补充和修正涌现论，而且作为条件关系的语境也可以对涌现论的解释提供充分条件，所以，语境为心、脑、身、物的统一提供了方法论，并为认知涌现论进行补充和修正提供了方向。

---

① 魏屹东：《语境论与科学哲学的重建》上册，北京师范大学出版社，2012，第37页。
② 魏屹东：《语境论与科学哲学的重建》上册，北京师范大学出版社，2012，第37页。
③ 魏屹东：《语境论与科学哲学的重建》上册，北京师范大学出版社，2012，第61页。
④ 魏屹东：《语境论与科学哲学的重建》上册，北京师范大学出版社，2012，第37页。

二　语境化的认知涌现论

我们认为认知是大脑、身体和环境相互作用产生的整体属性，这包括两层含义：一是大脑是认知产生的微观基础，认知是大脑神经系统相互作用产生的整体属性，不能还原到单个的神经元；二是意识产生是个复杂系统，不仅需要生物学基础，还受环境包括社会、生存环境、文化、价值判断等影响，所以意识是在生物学基础和以上这些因素相互作用的过程中产生的整体属性。

一般而言，环境包括两个方面：自然环境和社会环境。自然环境是指大气、水、土壤等物质因素。社会环境指的是观念、制度、行为等非物质因素。从狭义上来说，环境指的是相对于主体而言，与之相关的一切自然环境要素的总和。环境具有相对性，学科不同，环境内涵也不同。主体不同，环境会发生变化。每个人所处的外部环境不一样，人的意识具有个体性、差异性、社会性等特点。所以，意识是语境依赖的，意识的主体既是主体也是客体，语境不同，结果便不同。

符号主义、联结主义是认知科学中的内在主义，都是从大脑内部的结构和功能来解释认知发生的机制。符号主义是"离散符号模式"，联结主义是亚符号模式，认为神经元是在并行分布的基础上的整体涌现。在实际生活中，大脑并不是孤立地存在，而是与周围的环境相互联系。具身认知科学例如生成认知、情景认知，认为认知和心智是大脑、身体和环境相互作用产生的，将外部环境考虑进来。但是，具身认知科学忽视文化因素，因此同样也是不充分的。

2014 年，在《文化间语用学》（*Intercultural Pragmatics*）一书中，凯奇凯斯（I. Kecskes）基于社会和个体的交互作用，提出社会—认知语用范式（socio-cognitive approach to pragmatics，SCA）。首先，该范式认为语境是共建的、动态的，是涌现语境（emergent context）的，"它是认知科学和传统语用学理论之间交融的结果"①。该范式强调社会因素和个体因素、认

---

① 周红辉、冉永平：《语境的社会—认知语用考辨》，《外国语》（上海外国语大学学报）2012 年第 6 期。

知和语用在交际过程中是相互作用的、动态融合的，动态语境具有涌现性。其次，该范式强调认知的个体差异，认为前语境在个体认知中具有重要作用。前语境的凸显意义形成话语生成和理解，包括集体前语境和个体前语境，集体前语境是共知信息，是交际的前提和基础；个体前语境是指个体的语境经验，是交际失败的原因。二者是相互作用、动态发展的。另外，个体认知具有自我中心性、私人性。

共同背景（common ground，CG）作为语境的一部分，包括：核心 CG 和涌现 CG。核心 CG 是指相对稳定的知识，包括百科知识、社会文化知识等，是共时静态和历时动态的统一。涌现 CG 是指共享信息和当下信息，是动态的，包括个别共享信息的涌现语境和情境信息的涌现语境，二者变化较快；其中，前者表现为个别共享信息的个体差异性，会涌现出不同的语境；后者是与话语产生的相关的周围环境，例如人、物等，都是客观存在的。由于个别共享信息的差异，"由具体交际情境或对象所触发"，形成涌现要素。"由此，'相对静态—常规动态—涌现'形成了语境因素存在状态的连续统"①，基于核心 CG，实现社会交际。

另外，个体会在激发、搜寻、创建等过程中相互作用新建共有信息，并形成共有语境。但是，这些语境是即时产生的，不是预先设定的，具有不可预测性，具有涌现性。"先前经验不仅对语境分析有指导作用，也引导语境导向的图式，这种图式推动未来目标的获得。"② 因此，"前语境—涌现语境、语境的个体差异性—语境的涌现性构成了社会—认知语用视角（SCA）的核心语境思想"③。SCA 理论关注语境的动态性，由于前语境社会同一性和个体差异性，加上个体交际时语境的即时性，体现了在人际交往中语境的涌现性。

自语境化认知认为认知是认知主体自主融入语境或者自创造语境的过程，"自语境化是通过自主性将认知主体与认知客体在语境中加以融合的

---

① 周红辉、冉永平：《语境的社会—认知语用考辨》，《外国语》（上海外国语大学学报）2012 年第 6 期。
② 魏屹东：《语境论与科学哲学的重建》上册，北京师范大学出版社，2012，第 61 页。
③ 周红辉、冉永平：《语境的社会—认知语用考辨》，《外国语》（上海外国语大学学报）2012 年第 6 期。

过程"①，是二者相互作用做出适应性选择的动态过程，强调主体、客体和环境的动态统一。自语境化认知是认知主体为完成目的性任务，与相关语境相互作用的进化涌现，表现出来的是一种整体适应性过程。这进一步证明语境的涌现性，语境不同，认知结果就会随之发生变化，变化了的语境涌现出的新认知不能还原到前语境和当下信息。自语境化体现了主体和客体、认知过程和意义的统一，同样体现了认知涌现论的适应性特征。

此外，语境本身具有多元性和任意性。语境发生变化，意义就发生变化。同一事件，所处的位置不同，即处于不同的语境，事件的含义也就有所不同。语境的任意性在于"可以不断地在不同事件及其结构之间做选择，也可以永远追求结构的许多组分和它们进入不同语境的方式"②，语境的任意性为语境涌现提供了可能。

科学哲学属于分析哲学的一个分支。科学哲学的基本问题：科学是发现的，还是证明的？是规范的还是描述的？科学家普遍认为科学发现是非逻辑的，科学理论是可证明的、可以检验的、可重复的。认知涌现论则是对科学哲学的深化，因为认知涌现论从涌现论的角度对认知的产生进行解释。认知转向将科学哲学的关注点引向对人的认知能力的考察，科学哲学将科学的本质、合理性、方法论、逻辑结构等作为研究对象，从逻辑实证主义对科学知识逻辑构造的考察到历史主义对科学产生的外在因素的考察，都忽视了认知产生机制。认知科学旨在研究认知和心智的产生机制。认知涌现论是对科学哲学问题之后"认知转向"的推进和深化，特别是对科学发现的解释方面，例如直觉，有重要的意义。

辩证唯物主义、交互论、系统论等都是"与语境论相关或者相似的理论"③。在某种程度上，语境也是涌现的，语境的基本性质是变化和新奇，"认知是行动者与环境的互动"④，具有整体性、交互性、动态性。涌现论主要特征为质的新颖性，语境论和涌现论都是在整体的基础上彰显事物的

---

①　魏屹东、杨小爱：《自语境化：一种科学认知新进路》，《理论探索》2013 年第 3 期。
②　魏屹东：《语境论与科学哲学的重建》上册，北京师范大学出版社，2012，第 61 页。
③　魏屹东：《语境论与科学哲学的重建》上册，北京师范大学出版社，2012，第 13 页。
④　魏屹东：《语境论与科学哲学的重建》上册，北京师范大学出版社，2012，第 165 页。

新属性，从这个意义上而言，涌现论是语境论的一种变体。

语境的分析离不开对事件性质和结构的分析。语境的新奇是在事件结构中产生的。而事件结构的性质是在组分、组分的性质以及组分指称中实现的。当这三个因素发生变化，语境也会随之发生变化。组分的有序语境被破坏，发生中断，才会产生新奇。语境的整合性新奇是"行动中的奇异，它通过融合构成新的组分，并具有新的因果潜力"①，具有不可预测性，实际上指的是涌现事物蕴含的下向因果关系。语境的新奇特征——质的新奇和具有的因果性也是涌现论具有的。

语境论主张事件的连续性与非连续性的统一，是整合与分散的统一，是分析和综合的统一。因为语境的根隐喻是历时事件，所以语境论是事件的过去在当下语境中的展开，以新奇的方式经历世界，是开放的、动态的、发展的。事件是语境中的行动，没有脱离语境的事件。"语境寻求的过程也就是意义展现的过程，人的世界就是意义的世界。"②

低层级对高层级涌现的新属性"既不提供必要条件，也不提供推导更高描述层级上特征描述的充分条件。这代表了一种根本涌现的形式，因为没有任何相关的条件连接这两个层级"③。语境涌现作为底层描述的一个适当补充，对高层级的涌现属性进行解释，语境论则为这种解释提供了更好的策略。

三 语境论对认知涌现论的意义

经典涌现论仅仅对涌现现象进行说明，有些哲学家认为涌现现象是一种中间形态，不能独立存在。还有一些哲学家认为涌现是一种伪科学，或者是"在科学的发展过程中总是冒着被历史所覆盖的风险"④。涌现论的重要作用是"将层次相互联系起来的概念——或者更确切地说，它是层次之

---

① 魏屹东：《语境论与科学哲学的重建》上册，北京师范大学出版社，2012，第37页。
② 魏屹东：《语境论与科学哲学的重建》上册，北京师范大学出版社，2012，第2页。
③ H. Atmanspacher, "Contextual Emergence from Physics to Cognitive Neuroscience," *Journal of Consciousness Studies* 14 (2007)：5.
④ C. Emmeche, S. Køppe, F. Stjernfelt, "Explaining Emergence：Towards an Ontology of Levels," *Journal for General Philosophy of Science* 28 (1) (1997)：84.

间的通道。它本身并不能解决任何问题，但它以一种普遍的方式提出了这个问题，使它在每一个专门科学分支的边界上都是可见的"①。认知涌现论从本质上来看，将高层级和低层级、部分和整体联系起来；从哲学层面上看，将科学和哲学、物理现象和心理现象联系起来，在某种程度上解答了意识现象的产生机制。语境涌现解释机制坚持了认知的物质基础，尝试从自然主义角度来解释认知产生机制，语境涌现和边界条件从条件关系分析高层级和低层级之间的关系，高层级的解释和语境密切相关，彰显了语境对认知涌现论的深刻意义，为认知涌现论的不可还原性以及认知的自主性进行辩护。

第一，坚持认知涌现论的本体论地位。语境进一步为认知涌现论的本体论的物质基础进行了辩护，将认知的本体论和认识论联系起来。认知涌现论认为认知是在神经元相互作用的基础上的整体涌现，是微观神经系统动力学涌现的宏观结果。神经基础是意识产生的必要条件，引入语境涌现分析方法，根据意识确立充分条件即偶然语境，根据语境拓扑，需要引入一个粗粒度拓扑结构，并对神经元系统进行分区，使得高层级和低层级实现拓扑等价，在神经系统基础上解释了心理属性。"语境主义注重动态活动中真实发生的事件和过程，即在特定时空框架中不断变化着的历史事实，而且可变的事件本身赋有主体的目的和意图，主体参与到了事件和语境的构造当中，同时，语境反过来也影响主体的行为，这是一种相互促动、关联的实在图景。"②

第二，融合了科学和哲学、心理层级和物理层级的对立。哲学赋予认知涌现论本体论基础，强调涌现论的不可还原性、不可约性。这是基于本体论而言的，否则成了无源之水，走向唯心主义。在认识论视域下，涌现论是弱还原。语境论赋予实在本体论，是一种方法论、世界观，"具有更强的基础性、科学性和不可还原性"③，包容性更强，在这个意义上，涌现论是特殊的语境论。世界以层级展开，每一层级的存在都有特定的语境和

①　C. Emmeche, S. Køppe, F. Stjernfelt, "Explaining Emergence: Towards an Ontology of Levels," *Journal for General Philosophy of Science* 28 (1) (1997): 90.
②　殷杰：《语境主义世界观的特征》，《哲学研究》2006 年第 5 期。
③　殷杰：《语境主义世界观的特征》，《哲学研究》2006 年第 5 期。

具体的意义，"具有层次结构的语境之链，在每一个特定的语境链条上都展示出在该条件下的确定知识"①。

如何解释单个神经元和神经元集群的属性，进一步拓展为神经生物学层级和心理层级描述之间的关系，也就是说，如何解释涌现机制或者跨层关系呢？语境涌现和边界条件的解释提供了一个方法，它们作为条件关系的语境以形式化方式解释涌现机制，但是不能赋予意义。作为一种特殊的语境论，可以在多维度的认知语境组合中重构认知方式。

第三，将语境引入认知涌现论，赋予认知以意义。联结主义虽然靠权重组合来完成认知任务，但是由于也是计算机操作，只是"语境框架的一种尝试"②，本质上并没有超出计算机的范围，没有完全脱离形式化系统。离身认知科学预设认知是离身的，是局部官能的模拟，缺失人的自主意识，哥德尔定理证明形式化系统是不完备的，离身认知科学也不例外。另外，语境涌现和边界条件的解释，也是形式化解释，同样缺失意义的表达。

人有自主性，能根据不同的语境进行选择，根据语境的变化调整自己的行为。然而，计算机的程序是预定和事先设计的，当语境发生变化时，计算机不能及时调整，除非人们重新调整程序，设计一套包含各种语境的程序，这种计算量是很大的，实际操作难度很大。"完全形式化的计算机是无语境的，这种计算机不可能拥有心灵，心灵是语境化的。"③ 所以，语境能实现意义的表达，能补充和修正认知涌现论的不足。

狭义语境指的是与事件相关的事物。广义语境指的是社会、文化、心理等与事件相关联的因素。事物的意义在于处于一定的关系、联系中，单独事物的属性、性质和功能是没有意义的。在语境论看来，认知不仅是理性的，也是社会的、文化的和心理的，"认识研究表现出语境论的渗透，因为认知是语境化的，心智的涌现是语境化的"④。"人类的经验是意向的

---

① 殷杰：《语境主义世界观的特征》，《哲学研究》2006 年第 5 期。
② 魏屹东：《语境论与科学哲学的重建》下册，北京师范大学出版社，2012，第 462 页。
③ 魏屹东：《语境论与科学哲学的重建》下册，北京师范大学出版社，2012，第 458 页。
④ 魏屹东：《语境论与科学哲学的重建》下册，北京师范大学出版社，2012，第 8 页。

和可修正的。人类的行为嵌套在一个关系和意义的社会历史和文化矩阵中。"[1]

第四，语境论使得认知结果具有相对的稳定性和确定性。同一事物在不同的语境中，产生的意义不同。意义随着语境的变化而变化。"在某种语用行为或理解行为发生时，哪些相关语境起主要作用，哪些起辅助作用，是根据具体意义实践的变化而改变的。"[2] 语境论对知识的探索是螺旋上升的，不同维度的认知语境构成了离身认知科学范式和具身认知科学范式，意义随之发生变化，这些范式同样具有语境论的一般性质，新奇性、变化等，体现了对事物的认识也是螺旋上升的。

采用涌现论解释世界，反映了我们的认知能力是有限的。随着科学知识的发展、人类知识的增加，人们可能会对先前的涌现属性进行科学的解释、论证，在另一个语境中，可能会涌现出一个新的属性，在这个意义上，涌现论是人类知识有限和无限的统一。"必要的是系统的和语境的研究，把大脑作为身体的一个组成部分。身体本身被视为其环境不可分割的组成部分。……事实上，这是当代认知科学特有的方法，它构成了应用语境涌现的抽象（认识论本体论）概念的领域之一。语境涌现论是当代认知科学的哲学前提"[3]，语境论和涌现论的结合，作为一种全新的方法论，为认知科学提供了新的视角。

---

① 魏屹东：《语境论与科学哲学的重建》上册，北京师范大学出版社，2012，第161页。

② 李海平：《语境在意义追问中的本体论性——当代语言哲学发展对意义的合理诉求》，《东北师大学报》（哲学社会科学版）2006年第5期。

③ R. Poczobut, "Contextual Emergence and Its Applications in Philosophy of Mind and Cognitive Science," *Roczniki Filozoficzne* 66（3）（2018）：143.

第五章 认知涌现论的意识
问题及修正

历史上，讨论心身问题的理论有很多，主要有心身交互论、心身同一论、心身平行论等，它们都是在批判、继承笛卡尔心身二元论的基础上发展起来的，至今，心身问题依然没有令人满意的答案。随着生物学、神经科学和认知科学的发展，意识问题成为当代认知科学的核心论题，意识问题成为心身问题的新形式。意识涌现论认为意识是神经系统相互作用的涌现，承认心理现象和物理现象之间有关联，在唯物主义本体论的基础上为当代心身问题的祛魅以及科学研究提供了一个独特的视角。

第一节 认知涌现论与心身问题

一 心身问题与涌现论的关系

心身问题是个古老的哲学问题，人类孜孜不倦地对其进行回答和探索，无论是一元论者还是二元论者，是唯心主义者还是唯物主义者都在做出各种回应。对这一问题的探讨已从古希腊的超自然认识论经由心灵哲学的内省思辨转向了当代认知科学的实证研究。本质上，该问题是辩证唯物主义的基本问题——物质和意识的关系问题的具体化。在认知科学、神经科学、脑科学等相关科学的影响下，心身问题研究主要表现为对认知和心智的实在性研究，集中表现为对意识的研究。邦格的意识涌现论将系统论、实在论和涌现论结合在一起，表现出唯物主义的特性，从意识的本体论、相对独立性、意义、产生机制方面对心身问题进行修正，但是其依赖逻辑造成了主体性缺失和语义缺失。综合的唯物主义将辩证唯物主义、认知科学和语境论结合在一起，弥补了邦格的意识涌现论的不足，站在科学立场为意识辩护。

涌现论是英国哲学家刘易斯于 19 世纪 70 年代在其著作《生命和心智的问题》中基于对化学反应和力学合力的分析提出来的。在他看来，化学反应涉及的是异质因果关系，而力学涉及的是同质因果关系，由于异质因果关系，不同组分相互作用产生的事物被称为涌现事物，该事物不能还原为组分。涌现具有新颖性、不可约性、不可还原性、不可预测性等特征。英国哲学家穆勒根据不完全归纳法如求同法、求异法、求同求异并用法、共变法和剩余法对因果关系进行分类。科学家在不同的学科中对于穆勒五法适用范围进行了讨论。社会科学家迪尔凯姆认为共变法适用于研究社会现象。刘易斯发展了穆勒的异质因果关系思想。在现代科学的推动下，特别是量子力学的创立，引发科学理论解释的变革，出现了统计率因果关系和或然性因果关系。

涌现论是基于科学问题的哲学反思，在 20 世纪 20 年代与进化论相结合，发展成一种新的理论范式，在生物学和心灵哲学中得到丰富和发展，并在认知和心智领域达到高峰。随着逻辑实证主义和现代科学的发展，涌现论由于自身不完善逐渐式微。在复杂性科学和认知科学、脑科学的影响下，涌现论与当代意识的研究相结合，又焕发出勃勃生机。意识涌现论在一般意义上是指意识是大脑神经元相互作用的整体涌现。意识问题是心身问题发展的新阶段，对意识的自然化研究能促进心身问题的解决，而对心身问题观点的剖析，也有助于我们认识意识的发展脉络。因此，在意识涌现论视域下，分析各个流派关于心身问题的观点，对了解意识产生机制尤为重要。

二 心身问题的不同形式

心、身概念随着哲学和科学主题的转换发生了变化，心的相关术语有灵魂、心灵和心智，心身问题由古希腊的心物问题发展而来，再发展到涉身问题。心身问题在哲学中表现为：心是物质的，还是身体的一种属性？心身之间是什么关系？心能被认识吗？近代心身问题肇始于笛卡尔的心身二元论。笛卡尔认为，心、身是两种不同实体，二者独立平等，互不决定。但心通过松果体与身体结合在一起，心能感受到身体的疼痛等。在他看来，身体不过是心的栖身之处，思想是真实存在的，因此笛卡尔滑向了万物皆是"我思"的唯心主义。

心身同一论不满意于笛卡尔将心看成一个独立的实体，坚持唯物主义的一元论，认为只存在一种自然实体，心理活动与身体的生理活动是同一的，当身体发生某种物理变化时，心也会发生相应的心理变化。比如，斯宾诺莎反对笛卡尔的二元论，认为心、身不是两种实体，而是同一事物的两个属性，二者是平行的、彼此独立的，不能相互作用。心的次序和身体的次序是同时发生的，二者是同一的。心身同一论的变体还有后来的心脑同一论。该理论认为心理的状态和过程实际上就是大脑的状态和过程，如费格尔（H. Feigl）认为人的心理状态和人的神经过程是同一的，二者是对同一过程的不同描述。斯马特（J. J. C. Smart）、阿姆斯特朗（D. Armstrong）发展了这一思想。

17 世纪 50 年代，霍布斯用机械唯物主义的观点解释心理现象。他认为，心理现象是在身体器官微运动过程中伴随产生的，否认心理现象是对物体的主观反映。这种思想是副现象论的雏形。在学界，一般认为，副现象论最初由霍布斯提出来，在赫胥黎关于心身问题的论述中得到发展。副现象论反对二元论，认为存在一种物理实体，心理活动是非物质的存在，是大脑神经过程的一种消极的副现象或副产品、附属物，和身体的行为以及随后出现的心理现象没有任何因果关系。例如，赫胥黎认为意识是神经系统相互作用的产物，是大脑的副产品；物理现象是首位的，精神现象是次要的；意识是一种偶然结果，而不是一种原因。更有甚者，取消式的唯物主义代表丘奇兰德认为，常识经验或民间心理学不能还原为生理物理的事件，诸如信念、感觉的心理状态和意识感受性不能用现代科学的成果来检验，应该被取消，继而被神经科学所代替。例如，"我很痛苦"，可以用一组神经元、突触等神经科学的术语来表达。副现象论为了不违背因果封闭原则，将心理现象作为物理世界的副产品，消解了行为主体，实际上是否认了意识对物质的能动性。

随附性这一概念最初在伦理学中使用，是指道德性质随附于自然性质，后被戴维森引入以探讨心身问题。戴维森认为物理现象是最基本的存在，任何一个心理事件都是一个物理事件，心理属性和物理属性二者之间没有联系，不存在心理—物理定理，但是心理现象的产生依赖于、随附于物理现象。这种依赖和随附关系并不能证明心理现象可以还原为物理现象，在弱的意义上，戴维森的理论是一种非还原的物理主义。所以，"哲学家是在心身随附性中发现了一个有希望的物理主义形而上学"①。因此，从某种意义上来说，坚持心身随附性，意味着为唯物主义辩护。

心身二元论认为心是实体，心只是大脑的机能。很显然，二元论是站不住脚的。意识涌现论否认心是实体。心身同一论或心脑同一论，就本体论而言，与意识涌现论是一致的，都坚持唯物主义的一元论，但是心身同一论，没有说明心身如何关联、如何相互作用。意识涌现论认为意识是基于微观生物学基础神经系统相互作用而在宏观结构上的整体涌现，将心身结合起来，又避免了唯心主义。副现象论将心理现象看成非物质的存在，坚持了唯物主义的倾向，认为心理现象产生后，不能作用于物理现象，人们只能消极地记录各种心理现象，如同机器一样是机械式的操作，副现象论容易陷入庸俗唯物主义，所以，它有时候被看作"关于心身关系的一种庸俗唯物主义的解释"②。意识涌现论认为意识产生后，可以对身体产生影响，比心身同一论、副现象论走得更远。随附性强调心理现象对物理现象的随附性、依赖性——"心理性有着根本的物理基础，不存在脱离用以显现他的、具有物理本质的对象和事件而自由漂浮的心理性"③，它并没有解决心身问题，只是表明了"心理和物理之间属性共变的模式"④。意识涌现论将心理的和物理的联系起来，阐释了意识的生成机制，指出意识是各种因素整体涌现的结果。

意识涌现论认为，无论是笛卡尔的二元论，还是后来的变体——心身同一论、心脑同一论，以及副现象论、随附性，都不能真正解决心身问题。二元论会造成如下问题：要么是移去心灵而大脑仍然运行的"僵尸问

① 〔美〕金在权：《物理世界中的心灵》，刘明海译，商务印书馆，2015，第10页。
② 张志伟、马丽主编《西方哲学导论》，首都经济贸易大学出版社，2005，第145页。
③ 〔美〕金在权：《物理世界中的心灵》，刘明海译，商务印书馆，2015，第20页。
④ 〔美〕金在权：《物理世界中的心灵》，刘明海译，商务印书馆，2015，第19页。

题"，要么是无身的"幽灵问题"。因此，解决心身问题，需要本体论基础，将二者统一于物质或精神，更为重要的是"一元论在西方更流行的形式是唯物主义，特别是当代。因为许多人，包括哲学家和非哲学家，都觉得现代科学的权威站在唯物主义一边"①。所以，心身问题的根本出路只能是本体论的唯物主义一元论。意识涌现论诉诸本体论来解释意识产生过程，这是解决当代心身问题的有效方法。

第二节　唯物主义的认知涌现论

在认知科学中，心身问题的哲学问题表现为心智和身体、心脑或心理和物理的关系问题，表现为：身体的或者物理的现象能解释心智或者心理现象吗？——解答这一问题，也就是要解决意识的同一性问题。涌现论的唯物主义认为世界都是物质的，无论是物质世界还是精神世界，都是物质的。在精神领域也不例外，该理论认为心理状态和物理状态具有连续性，旨在说明大脑在运行的过程中如何产生意识经验，认为心理现象是神经元相互作用的整体涌现，这些属性不能从神经系统纯粹的物理结构中推导出来，也不是单个神经元所具有的，具有不可还原性。一切心理状态、事件、过程都是神经系统的状态、事件和过程，并且这些属性可以对大脑产生作用和影响。

一　辩证唯物主义的意识观

心身问题不仅是心灵哲学、认知科学、社会科学中的热点问题，而且也是对马克思主义哲学的基本问题即物质和意识关系问题的深化。哲学在18世纪法国机械唯物主义和德国辩证法的推进下，表现为主要探讨人和世界的关系。这是因为：一是法国机械唯物主义将法国哲学的自然神论转向唯物主义，例如18世纪法国哲学的重要代表之一孔狄亚克（Etienne Bonnot de Condillac），从经验论的唯物主义出发，提出人类的知识来源于感

---

① 〔美〕唐纳德·帕尔默：《看，这是哲学Ⅱ：永恒不变的哲学大问题》，何小娜译，北京联合出版公司，2016，第117页。

觉。拉美特利提出物体是唯一的实体，"人是机器"的唯物主义思想。二是德国辩证法解释了认识发展的辩证规律，但是德国辩证法是唯心主义思想，认为精神决定物质，精神是物质的创造和发展，把人的认识放到核心位置。德国古典哲学集大成者黑格尔认为，自然界是绝对理念的"外化"，绝对理念是主体和客体的统一，绝对理念相互联系，从低向高转化，实现主体自我的运动过程。马克思吸收了法国机械唯物主义和德国辩证法的长处，创立了马克思主义哲学，明确了物质和意识的关系问题为哲学的基本问题——何者为第一性，二者有无同一性。

辩证唯物主义认为，物质是第一性的，物质决定意识，唯心主义与之相反。从起源上来看，意识是物质发展到一定阶段的产物，是社会的产物，是生理基础和社会本质的统一。从意识的产生机制上来看，意识是人脑的机能和属性。意识不是凭空产生的，不能脱离有机体而存在，它是基于大脑的生理机制和生理过程，在人类劳动和实践的过程中产生的。在认识论上，意识和物质具有同一性，意识能反映物质。辩证唯物主义认为意识具有相对独立性，具有能动性，能反作用于物质，人们可以通过实践实现物质—精神—物质的螺旋上升认识。

辩证唯物主义的意识观坚持意识的物质性，避免了实体二元论，但是由于承认意识是人脑的机能，遭到费耶阿本德（P. Feyerabend）、丘奇兰德取消式唯物主义的批判。受现代科学发展影响，他们认为意向性的信任、意愿等词语来源于日常经验，是错误的，不能用科学来检验，应该被取消。他们实际上取消了人的主观性，最终取消了哲学的基本问题。但是，取消式唯物主义把神经科学作为一种出路，就意识的自然主义路径而言，它已经踏上这条路。

泛心论与唯物主义相对。泛心论认为任何物质都是有心灵的，有心理活动的，心灵是万物的基本特性，物质具有的意识只有强弱之分，而没有本质上的区别，例如，动物的心理活动能最清楚地显示出来，植物和无机物顺次。这样的话，桌子、椅子和汽车也可能都有意识了。作为对笛卡尔以来心身二元论的反思，莱布尼茨提出单子论。莱布尼茨认为唯一存在的实体是单子，单子具有心灵的特性，单子无处不在，但是单子之间不会产生作用和影响，宇宙是上帝预定的和谐。"单子论"是典型的泛心论。所以，泛心论"把心灵送回物质世界同时避开唯物主义"①，实际上是骑墙于唯心主义和唯物主义之间，摇摆不定。泛心论解决了心灵的来源问题，但是陷入了某种神秘性，不能科学地解释物质产生心灵的机制。西格尔把"到达泛心论结论的过程称作'突现论途径'"，但是，涌现论反对物质具有心灵的特性，批判泛心论的唯心主义，肯定了其合理的成分，比如泛心论坚持了心灵从物质而来，"没有违背意识从物质中产生出来这一科学原则"。②

二 科赫的意识相关物的局部意识涌现论

认知神经科学家科赫，认为意识产生机制是可以从科学上进行说明的，可以采用科学的方法加以分析，将意识直接作为一种复杂物质来研究，认为意识是简单的物质，不能再被还原，具有网络实体的基本性质。科赫认为，"意识的物理基础是神经元和它的元件（elements）通过特定相互作用所产生的突现性质。虽然意识和物理定律是完全相容的，却很难用这些定律去预测或者认识意识"③，"意识是某些生物系统的突现性质"④，科赫的意识观是唯物主义的涌现论。

他认为，意识就是"特定神经细胞的活动、其相互联结，以及神经元集群的动态特性"⑤。也就是说，是部分神经元的活动产生了意识，并不是所有神经元都参与意识产生这一过程，意识是特定大脑区域的神经元以特定的方式涌现出来的。他和克里克（F. Crick）将这些神经元集群活动的集合称为意识神经相关物（neural correlate of consciousness，NCC）。他们提出了两个基础假设：一是所有的意识都可以进行科学研究，二是不同意识，如痛觉、视觉等都有一个共同的意识产生机制。他们认为"大脑皮层后部

① 〔英〕C. 麦金：《神秘的火焰：物理世界中有意识的心灵》，刘明海译，商务印书馆，2015，第81页。
② 高新民：《心灵与身体——心灵哲学中的新二元论探微》，商务印书馆，2012，第245页。
③ 〔美〕克里斯托夫·科赫：《意识探秘——意识的神经生物学研究》，顾凡及、侯晓迪译，上海科学技术出版社，2012，第13页。
④ 〔美〕克里斯托夫·科赫：《意识探秘——意识的神经生物学研究》，顾凡及、侯晓迪译，上海科学技术出版社，2012，第12页。
⑤ 〔美〕克里斯托夫·科赫：《意识探秘——意识的神经生物学研究》，顾凡及、侯晓迪译，上海科学技术出版社，2012，第439页。

的高级感觉区和前额叶皮层的计划与决策区之间长距离的双向联结才是知觉的神经相关集合的关键部件"①。也有科学家认为 NCC 的关键区域是大脑皮层后部的顶叶，例如达马西奥（A. Damasio），科学家谢恩伯格（D. L. Sheinberg）和洛戈塞蒂斯（N. K. Logothetis）认为是上颞叶多感觉皮层等。

简言之，NCC 就是一个最小神经系统，它是引起知觉活动的神经活动机制的最小集合，它的状态可以映射、反映意识的状态，它能对意识到的事件进行表达。"最小"意味着找出与意识产生关系最紧密的区域，而神经元与意识关系最为紧密。这些神经元集群相互作用，保持动态性，具有选择性、竞争性，那些优胜集群才是意识。优胜集群竞争的过程也体现了适应性过程。要注意区分意识背景，比如其中神经基质的关联、认知背景等都不属于 NCC。NCC 和意识的知觉活动之间有外在的对应关系。在科赫和克里克看来，不同知觉之所以可以绑定成完整的意识，是因为存在同步的神经元震荡活动。

科赫对 NCC 理论进行了修正和发展。2008 年，他和托诺尼（G. Tononi）拓展了整合信息论（integrated information theory，IIT），对意识程度进行测量。根据神经生物学的成果，他们将托诺尼原来的整合信息论的两个公理整合和分化，拓展成五个，即存在、构成、信息、整合、排他，强调意识的物质性、结构性、独特性、整体性、（内容）确定性。其实，该理论预设意识是分层级的，将意识以数学公式进行形式化研究，认为意识是物理神经系统的属性，具有内在因果效力。以 φ 值大小来反映意识强弱。②

他们用网络体系结构研究意识活动，一个输入对应一个输出，将意识定量化处理，用数学公式测算意识的强度，给予意识理论上的分析，但是在实际操作中十分困难。

科赫基于 NCC 理论的缺陷和自然主义者的诘难，从对意识的描述性解

① 顾凡及编著《脑海探险——人类怎样认识自己》，上海科学技术出版社，2014，第 231 页。
② G. Tononi，"Information Integration: Its Relevance to Brian Function and Consciousness," *Archives Italiennes De Biologie* 148（3）（2010）：306 – 308.

释转向规定性解释，从一开始预设意识的神经元本体论基础，转向把意识当成世界的根本特征。在他这里，物质不仅是客体，也有意识，只是程度不同而已，是主体和客体的统一体。他从一开始认为意识是特定神经元的涌现，转向后期的泛心论——认为任何物质都有意识，从一个涌现论者转变为泛心论者。

其实，与科赫相比，他的老师克里克，是纯粹的涌现论者。克里克在《惊人的假说》一书开篇就点明"惊人的假说是说，'你'，你的喜悦、悲伤、记忆和抱负，你的本体感觉和自由意志，实际上都只不过是一大群神经细胞及其相关分子的集体行为"①。克里克认为意识是一种自然现象，可以从科学的角度进行研究。他研究意识基于神经生物学，认为"意识研究是一个科学问题"，"用实验的方法可以探索这个问题"②。但是，克里克公开承认他是还原论者，对意识研究采用了还原论策略，将意识还原到神经系统进行解释。

三　埃德尔曼的整体意识涌现论

埃德尔曼（G. M. Edelman）是美国免疫生物学家、神经生物学家，1972 年荣获诺贝尔生理学或医学奖，1965 年获得美国化学学会伊利·莱里生物化学奖，1975 年获得爱因斯坦纪念奖等。他基于三个假设提出自己的理论。一是物理假设。假设意识是神经元群在动力学机制下通过再进入过程迅速地相互作用产生的物理过程，意识是一种自然过程，不需要超验的东西来解释。二是进化假设。意识是不断进化的，与生物结构有关，会影响特定环境下个体选择的行为。三是意识经验假设。意识经验有时候被称为主体性、感受质，它具有主体性和私人性，不能被他人所感受。

埃德尔曼等认为生物体能根据外界环境不断重构自己的大脑，这个过程也是意识的整体性、适应性、多样性的涌现过程。就整体性而言，他认为"任何意识状态都是作为一个整体而被经验到的，不能将它分解成各种

①　〔英〕弗朗西斯·克里克：《惊人的假说》，汪云九等译，湖南科学技术出版社，2018，第2页。

②　〔英〕弗朗西斯·克里克：《惊人的假说》，汪云九等译，湖南科学技术出版社，2018，第306页。

独立的成分"①；每一个意识经验都是神经元群动力学机制做出选择的适应性的整体涌现，选择不同，意识会表现出不同类型，这体现了意识的多样性。面对意识的产生过程，埃德尔曼等重点强调意识的整体性，"整体性、协调一致性和私密性都是意识的最普遍的现象学上的特性"②。意识就是"联结性、多变性、可塑性、分类的能力、对价值的依存关系，以及再进入的动力学，脑的所有这些特性多方面地作用在一起从而产生协调的行为"③。意识不仅有生物学基础，还有价值判断。意识产生不仅需要神经元生物基础，还需要快速再进入的相互作用的条件才可以，大脑各个区域通过再进入整合到一起产生意识。

埃德尔曼以神经生物学为基础，建立自己的神经元群选择理论（the theory of neuronal group selection，TNGS），代表著作为 1987 年出版的《神经达尔文主义——神经元群的选择理论》。这些集群是动态和稳定的统一，是对环境的自适应，从变化中选择稳定性。该理论的核心思想是环境的选择使得先在的神经元集群形成某种联结模式实现大脑的高级功能。这些集群表现出适应性地面对多样化的外部世界。其实在埃德尔曼之前，赫布（D. O. Hebb）提出突触修正律和细胞群理论，他认为感知或者概念"在脑中是由一个细胞群表达的，而且学习是通过修正突触效能"④ 实现适应性机制的。前者为选择性理论，表现为环境选择出相关的神经元集群，做出适应性的行为；而后者则是表现出为适应环境而做出的指令式的自组织行为。

四 斯佩里的交互作用的意识涌现论

斯佩里 1981 年荣获诺贝尔生理学或医学奖。最初，斯佩里研究神经功能可塑性和脑连接的选择生长问题，发现神经功能不能互换，脑连接

---

① 〔美〕杰拉尔德·埃德尔曼、〔美〕朱利欧·托诺尼：《意识的宇宙——物质如何转变为精神》，顾凡及译，上海科学技术出版社，2004，第 21 页。
② 〔美〕杰拉尔德·埃德尔曼、〔美〕朱利欧·托诺尼：《意识的宇宙——物质如何转变为精神》，顾凡及译，上海科学技术出版社，2004，第 40 页。
③ 〔美〕杰拉尔德·埃德尔曼、〔美〕朱利欧·托诺尼：《意识的宇宙——物质如何转变为精神》，顾凡及译，上海科学技术出版社，2004，第 58 页。
④ 姚志彬、陈以慈主编《脑研究前沿》，广东科技出版社，1995，第 9 页。

是不可塑的。他进一步对神经网络功能特异性进行研究，提出化学亲和力学说，认为神经元是通过其发育过程形成的标记物进行识别而发生联系的。

1952 年，斯佩里通过对猫和猴子的大脑进行研究，发现左右脑可以像完整的大脑单独地学习，引发了一系列的脑问题研究，比如，左右脑能独立的程度，二者是否相互作用，思考是否有分开的思想和情绪等。这一发现，启发斯佩里开始对左右脑功能进行研究。医生为了治疗癫痫病人，将其大脑两半球连接部分切断以控制疾病，取得成功。之后，斯佩里经过多年裂脑人实验研究，将左右脑连接体胼胝体切断，独立研究各部分处理信息的功能，发现很多新现象。虽然很多科学家已经证明了左右脑功能的不对称，普遍认为言语能力等抽象能力是左脑拥有的，左脑是优势半脑；空间、情绪等形象思维能力则是右脑拥有的。但是，斯佩里根据对裂脑人大脑右半球的实验，进一步证明右脑也有一定的识别理解简单言语的功能，虽然没有句法、发音等表达能力，但具有感觉、知觉等能力，能通过手势完成识别任务，右脑能实现对左脑部分功能的代偿。他发现右脑在某些方面优于左脑，比如空间思维能力、听觉等方面。他认为人类的左脑和右脑都会产生两个意识：自我意识和社会意识。裂脑人会出现意识冲突，这引发了哲学界和科学界的争论。

斯佩里从生理心理学的角度解释意识现象，认为神经生理事件包括生理、生化、物理现象等原材料，但这些事件并不是意识或者心理现象，意识比这些事件更高级、更复杂，意识是大脑活动过程或神经事件相互作用整体涌现的精神性活动，虽然受到大脑机制的影响，一旦产生出来后，就具有自主性，不能还原为神经生理事件，但对大脑的基础生理过程具有调节和控制作用，蕴含了下向因果关系。斯佩里的裂脑人实验为辩证唯物主义意识观提供了科学的论据和支撑，从微观方面证明了大脑是意识产生的基础，推进了意识和大脑关系的研究，"第一次用科学的语言解释了在脑过程中精神事件如何对躯体事件实行因果性控制"①。但

---

① 张尧官、方能御：《1981 年诺贝尔生理学、医学奖获得者罗杰·渥尔考特·斯佩里》，《世界科学》1982 年第 1 期。

是，他认为左右脑是独立的两个意识，这在科学上是说不通的。另外，他认为主观性的精神处于首要地位，并为之寻找科学理论的基础，这带有唯心主义色彩。

五 罗素对唯物主义涌现论的批判

罗素主要通过对心灵概念的逻辑分析来反对唯物主义的涌现论，在经验主义的范围内解决心灵或者意识问题。罗素的思想从詹姆斯（W. James）的经验主义发展而来。

詹姆斯在《彻底的经验主义》中反对以往的二元论，将意识也看成超验的、不同于物理事物的物质，认为意识和物理事物之间相互独立，二者之间没有联系。他促进了意识向科学的转变，为此，他提出纯粹经验一元论，认为意识是经验的材料，意识不反映主体和客观对象的关系，也不是实体，而是一种功能，"是经验中内容的逻辑联系"，"是时间中事件的见证，并不充当任何部分"[①]。经验"只是所有这些可感觉性质的一个集合体名字，除了时间和空间之外，似乎没有构成万物的普遍元素"[②]。意识和物质是由只能感觉到的一般经验材料构成的，是同质的。他通过激活意识性质来解释经验，是将意识进行实验研究和科学研究的奠基人。

罗素对詹姆斯的观点进行了发展。罗素认为世界分为物质和意识，人分为灵魂和身体。他认为"心灵和物质都是由更原始的、既非心灵又非物质的结构所组成"[③]，即由事素——知觉或知觉材料组成。知觉是最基本的中性材料，因此他的理论被称为"中立一元论"。体现这一思想的著作有《哲学大纲》《物的分析》，因为在这之前，罗素认为感觉是心灵的基础，所有精神现象都可以还原为感觉。他认为心灵不是实体，是一组事件或知觉对象，知觉对象是独立存在的，具有联忆的因果性；心灵既包括活的生命体，又是心理事件的经验事件。这个经验事件指的是"可以通过联忆的

---

① 〔美〕威廉·詹姆士：《彻底的经验主义论文集》，苏那、艾英编，远方出版社，2004，第4页。

② 〔美〕威廉·詹姆士：《彻底的经验主义论文集》，苏那、艾英编，远方出版社，2004，第20页。

③ 〔英〕伯特兰·罗素：《哲学大纲》，黄翔译，商务印书馆，2017，第288页。

因果链所获得的所有事件，而这个因果链可以向前或向后，也可以一个接一个。可以在一个连接点或几个连接点来回往返的引擎作个类比：任何到达的线路，不管经过多少往返，都被看成同一经验的一部分"①。在某种程度上，因果链具有重复性。就物质而言，他认为，物质是由知觉对象建构起来的，"物质的结构由心灵单位构成"②。知觉对象将物质和心灵同一起来，服从联忆因果律。

在罗素看来，"心灵就是形成某个生命体（也许说'活着的大脑'更合适）一部分历史的所有心灵事件"③。心灵事件把某一事物与别的事物区别开来，是因为"感受性与联系作用的结合。这种结合越是显著，相关的事件就越是'心灵的'；因此，心灵是一个程度问题"④。并非所有的心灵事件都是知识，只有那种关于知觉对象的知识才是确定的，引起知觉对象反应的知识才是心灵事件。

詹姆斯和罗素都抛弃了意识是实体的思想。詹姆斯认为意识是一种外部关系，而罗素认为意识是一组心灵事件，认为心灵也是被知觉构造的。心灵、知觉是无法脱离我们身体而存在的，这消解了意识产生的物质基础，并没有真正解决心身二元论的问题。

辩证唯物主义为我们研究意识问题提供了理论指导，需要神经科学、脑科学等科学研究成果的进一步确证。虽然，科赫、克里克提出了意识相关物的理论，但是，科赫从一开始的意识实在论者走向泛心论，滑向了唯心主义。克里克坚持意识的物质基础，从还原论的角度进行论证，偏向物理主义。埃德尔曼强调意识的涌现性质，忽视了意识产生的社会、文化因素。斯佩里通过神经科学实验和裂脑人实验证明了大脑的两半球的功能，从科学的角度证明大脑是意识产生的基础，但是他认为精神、意识是第一性的，走向唯物主义的反面。罗素反对意识是涌现的，认为意识是一组心灵事件，是被感觉构造的，心物都是由事素组成，实际上意识成为无基之物。

---

① 〔英〕伯特兰·罗素：《哲学大纲》，黄翔译，商务印书馆，2017，第283页。
② 〔英〕伯特兰·罗素：《哲学大纲》，黄翔译，商务印书馆，2017，第285页。
③ 〔英〕伯特兰·罗素：《哲学大纲》，黄翔译，商务印书馆，2017，第280页。
④ 〔英〕伯特兰·罗素：《哲学大纲》，黄翔译，商务印书馆，2017，第209页。

上述表明，邦格的意识涌现论站在科学的立场来修正关于心身问题的以往观点：一是坚持唯物主义，为意识进行科学辩护，彰显了意识自然化研究的特征；二是采用涌现论的方式建构意识的形成机制，注重系统的组分、结构和环境的关系，这与认知科学中生成认知的研究纲领是一致的，为引入认知科学研究意识做了铺垫；三是认为系统是可分析的，与整体论相区别，将分析哲学引入科学，融合了哲学和科学。但是，邦格忽视了意识是属人的，并且具有主体性，逻辑分析抽调了行为的意义，因为意义单靠一堆数学符号是得不到理解的。所以，我们旨在将认知科学和语境论引入辩证唯物主义，形成一种综合的唯物主义的意识涌现论，对意义进行新的解释，弥补邦格形式化的不足。

第三节　意识涌现论对心身问题的突破

加拿大科学哲学家邦格采用现代科学来检验一切理论，综合神经科学、生物学、心理学等研究成果，运用系统论方法提出科学的唯物主义，认为这种唯物主义是科学的、"'精确的'、'系统的'、'物力论的'、'系统论的'、'涌现论的'和'进化论的'"①。邦格用 43 个定义、23 个假设、5 个定理和 7 个推论，将形式化体系引入科学的唯物主义，并将该理论用来研究意识，形成了唯物主义的意识涌现论。

邦格认为心理属性不能被取消，意识是作为复合生物系统的大脑中神经系统的复杂活动，是神经元相互作用的整体涌现，而这些属性是单个神经元所不具有的。不少认知科学家认为涌现是神秘的，无法解释。在邦格看来，涌现并非神秘的，他们的错误在于没有将本体论的涌现论和认识论的涌现论区分开来，本体论研究涌现论的物质基础，而认识论研究涌现机制。邦格预设大脑活动与精神过程是同一的，意识"由不同层次的实在构成，实在所具有的属性通过涌现的机制才得以形成"②。邦

---

① M. Bunge, *Scientific Materialism* (Dordrecht：D. Reidel Publishing Company, 1981), p. 31.
② 方环非、潘丽华：《涌现、分层与辩证法——批判实在论与马克思主义之间的联结》，《中共杭州市委党校学报》2020 年第 5 期。

格的思想包括以下几个方面。

一　物质的系统基础

用系统论将心身统一于物质，解决意识的本体论问题。邦格坚持世界的物质性，用系统论的方法建立科学的唯物主义的本体论基础。系统论不仅强调组分、整体在系统中的作用，还重视结构、环境对系统的影响。邦格将实在论和系统论结合起来定义了物质："一个客体是实在的（或真实存在着），当且仅当，它是物质的。"① 实在就是这些真实物质的集合。任一物质或实在都是一个系统或系统的组分，不存在孤立的事物。系统就是这些实在物质的集合。世界是系统的集合，是物理系统、化学系统、生物系统、社会系统、人工系统五个系统组成的集合。"除了宇宙以外的所有的系统都源于集合，在大多数情况都是自发（自我组装）的"②，较高层级是较低层级物质自组装的结果。

意识也不例外。意识活动就是大脑神经系统的过程、状态的集合，每一个意识活动对应一个神经系统的过程状态，但并不意味着每个神经状态对应一个意识或者心理关联。意识的功能在于"是神经系统涌现的活动，……它确认意识虽然可以通过求助于物理、化学、生物、社会等前提条件而得到解释，但是它还是相对于物理和化学而言的涌现"③。邦格认为意识也是大脑的机能，是大脑中神经系统相互作用产生的复杂活动，将大脑看作包括细胞、物理、社会环境等多层次的复合生物系统，认为认知或心智的产生"不过是与身体的其他部分并同自然环境和社会环境相互作用的大脑发展或进化的一个方面而已"④。意志和自我同样不是实体，也是中枢神经系统的活动。这样，邦格给予意识一种唯物主义的本体论，在神经元微观层面提出意识产生的基础，避免了意识的神秘性和唯心主义的

---

① M. Bunge，*Scientific Materialism*（Dordrecht：D. Reidel Publishing Company，1981），p. 23.

② 〔加〕马里奥·邦格：《涌现与汇聚：新质的产生与知识的统一》，李宗荣等译，人民出版社，2019，第94页。

③ 〔加〕马里奥·邦格：《涌现与汇聚：新质的产生与知识的统一》，李宗荣等译，人民出版社，2019，第95页。

④ M. Bunge，*Scientific Materialism*（Dordrecht：D. Reidel Publishing Company，1981），p. 105.

倾向。

二　心理现象的相对独立性

将心理现象作为一个层级，赋予其相对独立性。科学的唯物主义认为所有物质是分层级的，由低到高依次是物理层级、化学层级、生物层级、社会层级、技术层级，每一个层级又由若干个子层级构成。"每个级别的事物都是由更低级别的事物及其活动中涌现的特征所组成的，而这些特征是它们的组成所缺乏的。"① 所以，在这个意义上，层级也是事物的整体涌现。

邦格区分了层级（level）和等级（hierarchy）。层级是数学的概念，表示优先排序的系统种的集合，体现种属关系或包含关系，而不是整体和部分之间的组合关系，属于科学研究的范围。等级以支配关系排序，具有超验的成分，不在科学研究的范围。邦格认为层级也是一个系统，不是实体而是集合，代表了该层级所有实在的物质。每一层级是由许多物质组成的系统。特定层级都是由更低层级的物质自组装而成。以生物层级为例，生物层级包括细胞、器官、有机体、人口、生态系统、生物圈由低到高六个层级，每个子层级是该层级物质的集合，较高层级都是由较低层级物质自组装而成，例如，细胞层级代表了所有细胞的集合，器官是由细胞这个层级自组装组成的。

同样，意识与有机体有关。有智力的有机体有能力自主形成一个心理系统，但不是一个独立的类似生物层级、化学层级的层级。由于心理现象只会发生在生物层级，所以心理系统属于生物层级。邦格还进一步认为，意识从神经系统涌现以后，就有自身特定的表现形式和独立的结构，并有相对的独立性，意识发生变化，会引起大脑的变化。邦格认为没有脱离身体的心智，"却只有思维着的肉体"②，他将心理现象独立出来，作为一个独立的系统，强调意识是具身的，并具有反作用，与辩证唯物主义的意识

① 〔加〕马里奥·邦格：《涌现与汇聚：新质的产生与知识的统一》，李宗荣等译，人民出版社，2019，第174页。

② M. Bunge, *Scientific Materialism*（Dordrecht：D. Reidel Publishing Company，1981），p. 88.

观保持一致，避免了庸俗唯物主义。

三 形式化分析

引入现代逻辑，进行形式化分析，消除涌现概念的模糊性。对涌现论进行形式化定义，邦格并不是首创。20 世纪初期，布罗德从结构关系对涌现进行形式化定义："（i）一确定的整体，由 A、B 和 C 部分组成（比如说），彼此之间有个关系 R；（ii）所有整体由具有同种成分且具有同种关系 R 的 A、B 和 C 组成，都有一定的特征性质；（iii）A、B 和 C 能够在其他种类的组合物中发生，但它们的关系与 R 不相同；和（iv）整个 R（A，B，C）的特征性质，即使在理论上，也不能从对 A、B、C 的性质的最完整的认识中独立地或在其他整体中推导出来，而这些整体不是 R（A，B，C）的形式。"① 邦格对涌现的定义更通俗："设 P 是一个复杂事物 x 的属性，而不是 x 的组成部分。（i）如果 P 是 x 的某些组成部分的属性，则 P 是合成的或遗传的；（ii）否则，即如果 x 的任何组成部分都不拥有 P，那么，P 是涌现的、集体的、系统的或完形的。"② 也就是说，每个系统至少有部分的涌现属性。邦格不仅对物质、涌现、自组装进行了形式化的定义，而且对意识、意志、自我进行了形式化的定义。例如，他是在区分觉知和意识的意义上来定义意识的，如下："如果 b 是动物，b 觉知到（或注意到）刺激 x（内部或外部），并且仅当 b 感觉到或感知到 x，——否则 b 没有觉知 x；b 意识到 b 中大脑过程 x，并且仅当 b 思考 x，——否则 b 没有意识到 x。"③ 仅有觉知不能产生意识，具有思维能力的动物才会有意识。"所有能够处于有意识状态的动物都能够执行自由自愿的行为。"④ "如果一动物能意识到自己过去的一些意识状态"⑤，那么它处于自我状态。"能够

① C. D. Broad, *The Mind and Its Place in Nature* (London: Kegan Paul, 1925), p. 61.

② M. Bunge, "Emergence and The Mind," *Neuroscience* 2 (4) (1977): 502.

③ M. Bunge, *Treatise on Basic Philosophy*, Vol. 4, *Ontology II: A World of Systems* (Dordrecht: D. Reidel Publishing Company, 1979), p. 170.

④ M. Bunge, *Treatise on Basic Philosophy*, Vol. 4, *Ontology II: A World of Systems* (Dordrecht: D. Reidel Publishing Company, 1979), p. 173.

⑤ M. Bunge, *Treatise on Basic Philosophy*, Vol. 4, *Ontology II: A World of Systems* (Dordrecht: D. Reidel Publishing Company, 1979), p. 175.

处于自觉状态的所有动物都能实施自由的自愿行动。"① 邦格认为系统、层级都是一个集合，宇宙不仅是一个大集合，而且意识、意志、自我都是大脑的一系列状态的集合。他用形式化来建立"精确"的唯物主义，用简单的形式揭示涌现现象的本质，并发现具有科学解释力的涌现法则，但是陷入了空洞的语义。

四　涌现的适应性

用适应性构建意识涌现机制。适应性表现为系统的组分之间、系统与系统之间、系统与环境之间的相互适应，输出状态就是适应性结果。系统和环境表现出相互作用，具有适应性的选择，并不是所有的系统都能适应环境，有的系统是短暂性的存在。所以，自组装而形成的系统在某些时候受到环境的制约。有些环境对系统的影响是微乎其微的，有些环境的作用较大。"每个新系统都是从环境提供的单元自组装的：后者为自组装提供了机会，因此涌现了。总之，任何系统的环境都是创造性的——只是，它是有选择的和排他的，而不是自由的。"② 系统的整体适应性在事物自组装过程、涌现过程得到体现。

邦格认为，涌现就是事物自组装的过程，自组装的过程就是组分相互适应的过程。并不是所有的神经系统都能产生意识，只有那些"有适应力的（或不受约束的，或可调整的，可组织的）"③ 的神经中枢系统能产生意识，并且这些神经中枢系统和其子系统都是自发活动的，它们相互连接在一起才能构成一个完整的大脑功能系统。邦格进一步指出，意识或者心理从神经系统涌现以后，具有相对自主性。意识的作用和变化就是涌现意识"大脑自身的变化和作用"④。心理或意识的反作用不能脱离大脑，因为"任何关于心灵的心理学或哲学，如果假定心灵是与物质相分离的，那么

① M. Bunge, *Scientific Materialism* (Dordrecht: D. Reidel Publishing Company, 1981), p. 86.

② M. Bunge, *Treatise on Basic Philosophy*, Vol. 4, *Ontology II: A World of Systems* (Dordrecht: D. Reidel Publishing Company, 1979), pp. 32 – 33.

③ M. Bunge, *Scientific Materialism* (Dordrecht: D. Reidel Publishing Company, 1981), p. 70.

④ 高新民、沈学君:《现代西方心灵哲学》，华中师范大学出版社，2010，第127页。

它与活力论生物学一样，是不恰当的"[1]。适应性蕴含了意识涌现的机制，神经系统自组装的适应性过程，就是意识的产生过程。

此外，邦格在生理学层面上对意识进行解释，认为意识是神经系统耦合涌现的属性，但对于神经系统是如何进行耦合的，没有进一步探索，同样也没有真正解决意识和物质的同一性问题。此外，他采用形式主义进行概念分析，过多强调了逻辑的先验作用，提出用精确的公式、形式化逻辑来取代或改造哲学以避免含混性、不精确，这是不恰当的，因为哲学的主要任务是澄清科学概念和命题的意义，进行反思和批判，而形式化抹煞了哲学的批判性质。

第四节　结论——综合的唯物主义的认知涌现论

随着认知科学的发展，许多认知科学家开始重视意识的研究，对意识进行了重点分析。邦格、斯佩里都以不同方式阐释了意识的涌现性。邦格认为系统是由实在的物质构成的，宇宙是一个大系统的集合，包含不同的子系统，对系统进行形式化分析，构建精确的唯物主义涌现论。但是，形式化不能解决意识的意义。为此，我们引入辩证唯物主义、具身认知和语境论来丰富和补充邦格形式化的唯物主义意识涌现论，提出一种综合的唯物主义。所以，认知涌现论是一种超越传统与还原论的意识整体论。

一　辩证唯物主义对意识属性的补充和修正

辩证唯物主义对邦格的意识涌现论意识属性进行了修正。邦格对意识进行自然化的处理，在某种程度上，消除了意识的神秘性。但是，大脑不仅具有生物学性，还受社会系统、环境等因素影响，这个说法失之偏颇。现代科学研究表明，大脑是认知和心智的基础，具有生物学属性。社会环境包括政治、经济、文化等，独立于个体的人，不具有生物学属性，是不断建构的，作为一种意识形态，源于社会存在，在不同国家有不同形式。

---

① 〔加〕马里奥·邦格：《涌现与汇聚：新质的产生与知识的统一》，李宗荣等译，人民出版社，2019，第 228 页。

意识在微观上是神经元相互作用的结果，在宏观上是人类与社会环境相互作用的结果。辩证唯物主义认为意识是大脑的机能，是社会发展到一定阶段的产物，具有相对的独立性；既要考虑意识产生的生物学基础，也要兼顾外部因素和意识相互影响的社会环境。这些都是意识涌现论进一步发展需要关注的。

二　认知科学对具身因素的补充修正

认知科学对邦格的意识涌现论涉身因素进行了修正。生成认知是认知科学的一个重要研究纲领，具有具身性、情境性等特点，表明认知"既是生物学的，也是现象学的"[①]，将客观世界和主观世界联系起来，认为认知是在这两个世界相互作用的过程中不断循环而产生的。生成认知包含生命有机体以及其所处的环境——自我和他人互为基础而生成的社会世界。认知和心智是在特有的身体系统和环境的耦合（相互作用）中通过行动在同一历史过程中展开的。生成认知不仅包含邦格的意识涌现论的生物学系统，而且将认知主体和环境作为相互决定、相互作用的整体系统，并在这个大系统中通过知觉—行动—实践的双向因果作用而涌现，有效整合了大脑、身体和环境。人的意识毕竟不能脱离肉身。人不仅有自然属性，也具有社会属性，社会属性是最根本的，在这两个属性的基础上研究人类的认知和心智，而不是仅仅重视人的自然属性。认知科学中的生成认知，能将环境独立地作为一个外在客观因素，既有意识涌现论的生物学基础，又重视认知主体和属人环境的双向影响，实现主体与客体的真正统一。

三　语境论对形式化认识的补充和修正

语境论对邦格的意识涌现论形式化进行了修正。形式化削弱了数学公理化体系所要表达的意义，再加上，"形式化经常与一种神秘风格相关联，在其中做出重要的哲学选择却没有解释，而且甚至经常没有清晰地陈述"[②]。意义通过语言得到表达。语境论将语形、语用、语义结合起来，克

---

① 李恒威：《生成认知：基本观念和主题》，《自然辩证法通讯》2009 年第 2 期。
② 〔瑞典〕斯文欧·汉森：《哲学中的形式化》，赵震译，《哲学分析》2011 年第 4 期。

服形式化的语形与语义的片面性，能合理地"处理'心理实在'的本质、特征及其地位问题"①。因为语境论就其根隐喻的含义而言，核心在于"'变化'与'新奇'，'变化'是通过'性质'的'扩散'、'聚集'和'融合'展开的；'新奇'是通过'结构'的'组分'、'组分的语境'和'指称'实现的"②。这些特征恰恰体现了涌现论的最基本特征：质的新颖性。语境论解释认知和心智或意识，最终实现了科学和哲学的统一的目标。邦格对意识的系统分析，实际是用数学逻辑进行的语形分析，基于生物学和现代逻辑的语用分析，而缺失语义的表达。然而，语义分析可以揭示形式化符号和其所指向的客体之间的关系，弥补形式化分析造成的对意义空洞的表达。所以，语境论对意识的意义在于：在语形分析方面，形成意识的数学表达式；在语用分析方面，科学家和哲学家基于不同的理论背景，实现对意识的多样性解释；在语义分析方面，科学家和哲学家用语言在某些具体的环境中对这些形式化的逻辑结构进行解释和说明。意识的语境论分析，使符号、意义在不同的语境中通过它们之间的相互作用或实践得到表达。

哥德尔不完全定律表明形式化研究不能充分证明和解释系统。再者，"语义内容不仅依赖于历史、文化等大脑之外的因素，而且受制于由其他意向状态所构成的整个网络，具有整体性特征"③。

另外，哲学家对意识的研究在现代科学发展的推动下，由人的内省思辨转向科学实验研究，"在理论上，不断地由单一转向多元，由绝对转向相对，由对应论转向整体论；在实践上，由逻辑转向社会，由概念转向叙述，由语形转向语用；在方法上，由形式分析转向了对语义分析、解释分析、修辞分析、社会分析、案例分析及心理意向分析等等的具体引入"④，只有在语境论这个基底上，才能实现逻辑、经验与理性的统一。语境论以语境为基底研究意识的意义，通过逻辑分析，统一不同语境下的语义，将意识的形式分析和现象经验（感受质）统一起来进行整体的解释和说明。

---

① 刘敏：《量子波函数及其存在空间探究》，吉林大学出版社，2018，第125页。
② 魏屹东：《语境同一论：科学表征问题的一种解答》，《中国社会科学》2017年第6期。
③ 高新民、沈学君：《现代西方心灵哲学》，华中师范大学出版社，2010，第106页。
④ 郭贵春、殷杰：《后现代主义与科学实在论》，《自然辩证法研究》2001年第1期。

再者，语境论"强调人的意向行为及其产生的意义（理论的和实践的）。它的基本范畴变化和新奇就是言语行为框架下的概念"。语境"为其中的事物提供关联，形成语境之网"①，意义随着"网"的不同发生变化，因为语境的意义是具体的。

此外，在某种程度上，语境论和马克思主义哲学是一致的，二者都是通过"特定语境中的实践活动解决问题"②。意识涌现论、语境论、马克思主义哲学都是统一于实践，在语境中使得意义得到实现。总之，人类的认知和心智产生过程非常复杂，单靠一门学科和方法是无法得到理解的，以形式化分析为基础，将辩证唯物主义、认知科学、语境论引入意识的研究中，为理解和阐述意识提供一种新的唯物主义——综合的唯物主义的意识涌现论。

目前，意识问题呈现出多学科综合研究趋势，心理学、物理学、生物学、神经科学、心智科学、哲学等学科，从不同方面对意识进行研究，它们都基于一个共同的研究基础——"对意识物质性的论证与辩护"③，意识和意志"都是合法的科学对象"④。意识的自然主义方法体现了科学家、哲学家"正试图在科学和哲学的前沿确立意识、精神的本体地位与作用追求的轨迹"⑤，唯物主义无疑捍卫了这种科学性，它认为没有脱离肉体的意识。不仅要在生物学上研究意识的物质基础——大脑的结构、功能，也要看到意识也有自身的历史，特别是不能忽视意识的社会性，因为，"如果我们只看到人脑作为一种复杂的有机组织结构有它自然起源的历史，而不同时看到与之相适应的人脑的心理、意识机能亦有其自然起源和发展的历史，那就有可能或是错误地认为奇妙的意识现象是上帝之类的'超自然力'赋予人脑的（如所谓'灵魂说'或'唯灵论'的观点）；或是以为它仅仅是人脑这块特殊物质自生的现象（如所谓'特殊能量说'之类的'生

---

① 魏屹东：《语境论与马克思主义哲学》，《理论探索》2012年第5期。
② 魏屹东：《语境论与马克思主义哲学》，《理论探索》2012年第5期。
③ 袁书卷：《意识心理学的探索》，西南交通大学出版社，2014，第175页。
④ M. Bunge, *Treatise on Basic Philosophy*, Vol. 4, *Ontology II: A World of Systems*（Dordrecht: D. Reidel Publishing Company, 1979），p. 173.
⑤ 袁书卷：《意识心理学的探索》，西南交通大学出版社，2014，第175页。

理学唯心主义'的观点）"①。

　　实际上，辩证唯物主义认为人类认识也是一个物质—精神—物质的无限过程，由感性认识到理性认识到实践实现两次飞跃呈现循环螺旋式的认识过程，这为意识研究指明方向。科学家不仅需要关注意识的神经生物基础，还要探索意识与物质的实现与转化机制。概言之，心身问题依然会争论不休，意识问题的科学性辩护一直在继续。虽然意识涌现论在解释意识产生机制方面还是模糊的、不能给予充分的解释，但也为心身问题的解答提供了一种新的理论范式。

---

① 傅世侠：《"脑—精神相互作用"析》，《哲学研究》1983 年第 1 期。

结　语

简而言之，涌现论就是系统的部分相互作用产生的整体属性，是整体具有而孤立部分所不具有的属性，具有不可还原性、不可预测性等特征，不可还原性是涌现论的最基本的特征。涌现论从 19 世纪被刘易斯明确提出，在经典涌现论、复杂性科学、心灵哲学、认知科学、社会科学等学科的推动下，不断得到充实和发展。认知涌现论从一开始的诉求冠名涌现这一称号，在复杂性科学中得到科学解释，在心灵哲学中得到丰富和发展，在对生命现象和人类认知、心智、意识的探索中达到高峰。霍兰认为"对涌现更深入的理解可以帮助我们分析两个深奥的科学问题，两个具有哲学和宗教意味的问题：生命和意识"①。总的来说，各学科围绕涌现论的论题在部分与整体、微观与宏观、物理现象和心理现象、物质和意识等方面展开讨论，"最显著特征也许就是一种用层次的眼光来看世界的方式。它所产生和最重要的理论成就也许就是一个层次的世界结构。20 世纪科学的发展也逐步证明了世界的确具有层次的结构"②。

认知涌现论在哲学、复杂性科学和认知科学的推动下，表现出层级性、整体性、适应性等，通过对涌现论的整体发展过程的梳理和分析，概括了涌现论的一般概念。经过复杂性科学的发展，以及考察在认知科学中的发展和应用，认知涌现论表现出物质性、交互性、生成性、适应性。认知涌现论的所有形式在本体论上，表现出涌现整体物质不能还原到基础物质，即不可还原性。在认识论上，涌现论并不排除还原论。在认知科学

---

① 〔美〕约翰·霍兰：《涌现：从混沌到有序》，陈禹等译，上海科学技术出版社，2006，第252 页。

② 陈刚：《世界层次结构的非还原理论》，华中科技大学出版社，2008，第71 页。

中，离身认知科学是对认知的模拟，认知是符号或者亚符号相互作用的整体涌现，离身认知范式实际是弱涌现论，在认知机制上，与还原论是相容的，是对认知结构或者功能的一种模拟。具身认知科学，无论在本体论上还是在认识论上，都是不可还原的，认为认知是大脑、身体与环境相互作用的共涌现。

认知科学对认知或心智的研究，其实是对笛卡尔以来心身问题探讨的继续，只不过不再是纯粹的哲学思辨，而是多学科的综合研究。人类高级的心理现象——意识，也是量子涌现的吗？我们认为意识也是认知系统整体涌现的结果。意识不仅是生理过程，也是心理过程，是神经生物过程、环境、文化等整体涌现的结果，不是单个神经元的属性。

认知科学家斯蒂芬从系统论角度对涌现进行了强弱分类。他认为弱涌现是一切涌现的起点和基础，其特征在于坚持物质一元论；涌现属性是系统共时决定的整体属性；只要系统的结构不发生变化，其涌现属性不会发生变化。在弱涌现中加入不可通约性——涌现属性是系统组分相互作用的整体结果，不能还原为其孤立部分所具有的属性——就形成强涌现。在这个意义上，意识涌现论是强涌现，因为意识是所有神经元相互作用整体涌现的结果，不能还原为单个神经元的属性。这样一来，意识涌现论将心理现象和物理现象、宏观和微观层级互相联系起来，不仅在宏观层面是涌现的，而且在微观层面也是涌现的。认知神经科学发展取得的一系列成果证明，人类认知或心智是复杂的，大脑是认知或心智产生的生理物质基础，"心—脑具有层次性结构。心智的不同层次有相应的神经相关物。心智是神经元相互作用的整体涌现。在不同层次的心—脑集成过程中，会涌现出较低层次所不具备的新特性。复杂、高级的心智活动是在整体心智的层次上涌现的性质"[①]。

著名神经生物学家斯佩里通过著名的裂脑人实验，证实了左右脑机能不对称，两个半脑有独立的意识但又具有互补性，相互影响、相互作用，在正常情况下二者紧密结合执行任务。通过对意识经验多年的研究，斯佩里提出了精神涌现论，认为意识是大脑的涌现属性。大脑包括物理的、化

---

① 刘晓力主编《心灵—机器交响曲》，金城出版社，2014，第2页。

学的、生物的等因素，这些因素有机地统一于大脑中，作为动力学的大脑，有很多层级，"从次核粒子往上经原子、分子、脑细胞、无意识的神经回路到有意识的脑过程成为一个连续的层次"①。这些层级具有连续性，意识就是大脑复杂活动涌现的整体特性，但意识现象不同于不可还原的神经事件，不是大脑的某一部分孤立的特性，不能脱离大脑而独立存在。高层级涌现的意识现象对低层级的神经活动实行由上至下的控制。

持决定论的科学家认为，自我是大脑的随附现象，自由意志是一种幻觉。而认知神经科学家加扎尼加（M. Gazzaniga）认为，意识并不遵循自然因果律，并基于神经基础提出意识涌现论，认为意识或自由意志是涌现的——是大脑这个复杂系统中的神经元之间以及人与人之间多层级相互作用涌现的结果。"人的大脑有许多不同的神经系统和层面，从神经系统的粒子物理层到原子物理层、化学层、生物化学层、细胞生物学层、生理学层，都会产生意识突现。"② 而且意识不能还原到神经物质，低层级意识模式能影响高层级的意识模式，低层级的物理生化因果律不能完全解释高层级的现象。他还认为，我们的伦理道德意识也是涌现的，社会中的个体意识相互影响、许许多多人的大脑相互作用涌现出来的意识群会产生道德伦理意识和行为。这些道德伦理意识会与外界环境相互作用来影响大脑涌现的新意识，从而调节人的自由意志。

斯佩里和加扎尼加都是从系统论的角度论证了意识神经机制涌现的整体特性，体现了认知涌现论的实在性、交互性、生成性、整体适应性特点，但二者的不同点在于，斯佩里认为左右脑是相互作用的，同时处理和执行任务，而加扎尼加将左右脑看成彼此独立的两个半脑，认为每个半脑都有复杂的能力，而且他的涌现论更广泛，还包括个体、社会等因素。不过，二人都认同意识统一于物质的辩证唯物主义观点。在我们看来，如果一个人有两个意识中心，他将无法集中反映客观世界，必然会陷入混乱，因此，加扎尼加关于大脑有两个意识中心的观点是不可取的。

---

① 〔美〕R. W. Sperry：《科学与价值的桥梁——一种精神和脑的统一观点》，方能御、张尧官摘译，《世界科学》1982 年第 5 期。

② 〔美〕迈克尔·加扎尼加：《谁说了算？：自由意志的心理学解读》，闰佳译，浙江人民出版社，2013，第 130 页。

科赫、克里克、斯佩里和邦格从科学角度解释了意识的涌现特征，但都没有完全真正地阐明心理现象和物理现象之间的关系，我们尝试从辩证唯物主义的角度，在邦格形式化的意识涌现论的基础上，引入具身认知和语境论，提出一种综合的唯物主义的认知涌现论来进行修正。

总之，认知涌现论为认识认知或意识现象提供了一种新解释，认为认知或意识是心智、身体、环境相互作用整体涌现的结果，是作为复杂系统的大脑之神经生理物质相互作用涌现的整体属性。然而，探究认知或意识的涌现究竟是如何发生的，单凭哲学思辨是远远不够的，这就需要哲学、生物学、认知神经科学、认知科学和人工智能等多学科的联合。

认知科学对认知机制的探索是对心身问题的深化。从离身转向具身，从机器心智转向具身心智，从对心身二维的研究转向对身—心—环境三维的研究，推进了对认知现象的研究。虽然认知涌现论从强意义来说，坚决反对还原论，但仅靠整体论或还原论，无论是本体论上的还是认识论上的，都是不完备的、不充分的。世界充满了不确定性，认知、心智或意识究竟是物理的一种属性还是一种随附性？是否具有因果关系？威尔逊（E. O. Wilson）的看法或许会给我们一种启示："我们仅仅缺乏足够的计算能力来阐明人类心智的运作方式，这个公式的问题在于，人类心智并不是一个没有实体的物理实体，也不是一个拥有可互换部件的批量生产的机器。每一个心智也是其独特'历史'的产物——它独特的系统发育，它独特的个体发育，它持续的、时刻的与环境的交互作用。分子生物学和神经生物学——不管它们对我们理解精神现象有多么重要——只能阐明心智生活中许多层次中的一部分。至于其余的因果矩阵，不幸的是，我们不是无所不知的，很可能永远也不会。"① 尽管不确定分析方法如统计方法对于解释认知或意识的涌现问题遭到神秘性的诟病，但值得我们去探索，毕竟涌现是不确定世界而非确定世界中的普遍现象。

---

① P. A. Corning："The Re-Emergence of 'Emergence'：A Venerable Concept in Search of A Theory," *Complexity* 7 (6) (2002)：26.

参考文献

一 中文图书

恩格斯：《自然辩证法》，人民出版社，1971。

《马克思恩格斯文集》第9卷，人民出版社，2009。

《马克思恩格斯选集》第3卷，人民出版社，1972。

〔澳〕贝内特、〔英〕哈克：《神经科学的哲学基础》，张立等译，浙江大学出版社，2008。

〔奥〕冯·贝塔朗菲：《生命问题：现代生物学思想评价》，吴晓江译，商务印书馆，1999。

〔奥〕冯·贝塔兰菲：《一般系统论》，秋同、袁嘉新译，社会科学文献出版社，1987。

〔德〕H. Haken：《协同计算机和认知：神经网络的自上而下方法》，杨家本译，清华大学出版社、广西科学技术出版社，1994.

〔德〕哈肯：《协同学引论：物理学、化学和生物学中的非平衡相变和自组织》，徐锡申等译，原子能出版社，1984。

〔德〕赫尔曼·哈肯：《大脑工作原理——脑活动、行为和认知的协同学研究》，郭治安、吕翎译，上海科技教育出版社，2000。

〔德〕赫尔曼·哈肯：《协同学——自然成功的奥秘》，戴鸣钟译，上海科学普及出版社，1988。

〔德〕胡塞尔：《纯粹现象学通论：纯粹现象学和现象学哲学的观念》（第1卷），李幼蒸译，商务印书馆，2017。

〔德〕弗里德里希·克拉默：《混沌与秩序：生物系统的复杂结构》，柯志阳、吴彤译，上海科技教育出版社，2010。

〔德〕克劳斯·迈因策尔：《复杂性思维：物质、精神和人类的计算动力学》，曾国屏、苏俊斌译，上海辞书出版社，2013。

〔法〕埃德加·莫兰：《方法：天然之天性》，吴泓缈、冯学俊译，北京大学出版社，2002。

〔法〕埃德加·莫兰：《复杂思想：自觉的科学》，陈一壮译，北京大学出版社，2001。

〔法〕埃德加·莫兰：《迷失的范式人性研究》，陈一壮译，北京大学出版社，1999。

〔法〕雷内·托姆：《结构稳定性与形态发生学》，赵松年等译，四川教育出版社，1992。

〔法〕勒内·托姆：《突变论：思想和应用》，周仲良译，上海译文出版社，1989。

〔法〕莫里斯·梅洛－庞蒂：《行为的结构》，杨大春、张尧均译，商务印书馆，2005。

〔古希腊〕柏拉图：《理想国》，郭斌和、张竹明译，商务印书馆，1997。

〔加〕E. 汤普森：《生命中的心智：生物学、现象学和心智科学》，李恒威、李恒熙、徐燕译，浙江大学出版社，2013。

〔加〕保罗·萨伽德：《热思维：情感认知的机制与应用》，魏屹东、王敬译，科学出版社，2019。

〔加〕保罗·萨伽德：《心智：认识科学导论》，朱菁、陈梦雅译，上海辞书出版社，2012。

〔加〕赫克托·莱韦斯克：《人工智能的进化》，王佩译，中信出版社，2018。

〔加〕马里奥·邦格：《涌现与汇聚：新质的产生与知识的统一》，李宗荣等译，人民出版社，2019。

〔加〕莫汉·马修、〔美〕克里斯托弗·斯蒂芬斯主编《爱思唯尔科学哲学手册：生物学哲学》，赵斌译，北京师范大学出版社，2015。

〔美〕C. G. 亨佩尔：《自然科学的哲学》，陈维杭译，上海科学技术出版社，1986。

〔美〕N. 维纳：《控制论：或关于在动物和机器中控制和通信的科学》，郝季仁译，北京大学出版社，2007。

〔美〕W. V. O. 蒯因：《从逻辑的观点看》，江天骥等译，上海译文出版，1987。

〔美〕阿尔奇·J. 巴姆：《有机哲学与世界哲学》，江苏省社会科学院哲学研究所巴姆比较哲学研究室编译，四川人民出版社，1998。

〔美〕爱德华·E. 史密斯、〔美〕斯蒂芬·M. 科斯林：《认知心理学：心智与脑》，王乃弋等译，教育科学出版社，2017。

〔美〕保罗·W. 格莱姆齐：《神经经济学分析基础》，贾拥民译，浙江大学出版社，2016。

〔美〕保罗·库尔茨：《湍动的宇宙》，王丽慧译，上海交通大学出版社，2018。

〔美〕布赖恩·斯科姆斯：《社会动力学——从个体互动到社会演化》，贾拥民译，格致出版社，2019。

〔美〕大卫·雷·格里芬：《解开世界之死结——意识、自由及心—身问题》，周邦宪译，贵州人民出版社，2013。

〔美〕戴维·波姆：《整体性与隐缠序：卷展中的宇宙与意识》，洪定国、张桂权、查有梁译，上海科技教育出版社，2004。

〔美〕蒂莫西·奥康纳：《个人与原因》，殷筱译，商务印书馆，2015。

〔美〕赫伯特·金迪斯、〔美〕萨缪·鲍尔斯等：《走向统一的社会科学：来自桑塔费学派的看法》，浙江大学跨学科社会科学研究中心译，上海人民出版社，2005。

〔美〕霍华德·加德纳：《智能的结构》，沈致隆译，浙江人民出版社，2013。

〔美〕杰拉尔德·埃德尔曼、〔美〕朱利欧·托诺尼：《意识的宇宙——物质如何转变为精神》，顾凡及译，上海科学技术出版社，2004。

〔美〕金在权：《物理世界中的心灵》，刘明海译，商务印书馆，2015。

〔美〕凯瑟琳·海勒：《我们何以成为后人类：文学、信息科学和控制论中的虚拟身体》，刘宇清译，北京大学出版社，2017。

〔美〕克里斯蒂安·德昆西：《彻底的自然：物质的灵魂》，李恒威、董达译，浙江大学出版社，2015。

〔美〕克里斯托夫·科赫：《意识探秘——意识的神经生物学研究》，顾凡及、侯晓迪译，上海科学技术出版社，2012。

〔美〕肯·威尔伯：《整合心理学：人类意识进化全景图》，聂传炎译，安徽文艺出版社，2015。

〔美〕拉兹洛：《用系统论的观点看世界》，闵家胤译，中国社会科学出版社，1985。

〔美〕雷舍尔：《复杂性：一种哲学概观》，吴彤译，上海科技教育出版社，2007。

〔美〕迈克尔·加扎尼加：《谁说了算？：自由意志的心理学解读》，闾佳译，浙江人民出版社，2013。

〔美〕米歇尔·沃尔德罗普：《复杂：诞生于秩序与混沌边缘的科学》，陈玲译，生活·读书·新知三联书店，1997。

〔美〕乔治·莱考夫、〔美〕马克·约翰逊：《肉身哲学：亲身心智及其向西方思想的挑战》（二），李葆嘉等译，世界图书出版有限公司北京分公司，2018。

〔美〕史蒂芬·平克：《心智探奇：人类心智的起源与进化》，郝耀伟译，浙江人民出版社，2016。

〔美〕司马贺：《人工科学——复杂性面面观》，武夷山译，上海科技教育出版社，2004。

〔美〕斯蒂芬·斯托加茨：《同步：秩序如何从混沌中涌现》，张羿译，四川人民出版社，2018。

〔美〕唐纳德·帕尔默：《看，这是哲学Ⅱ：永恒不变的哲学大问题》，何小媛译，北京联合出版公司，2016。

〔美〕威廉·鲍威斯：《感知控制论》，张华夏等译，广东高等教育出版社，2004。

〔美〕威廉·詹姆士：《彻底的经验主义论文集》，苏那、艾英编，远方出版社，2004。

〔美〕西德尼·舒梅克：《物理实现》，王佳、管清风译，商务印书馆，2015。

〔美〕夏皮罗：《具身认知》，李恒威、董达译，华夏出版社，2014。

〔美〕伊安·巴伯：《当科学遇到宗教》，苏贤贵译，生活·读书·新知三联书店，2004。

〔美〕约翰·布坎南：《万物有情论：怀特海与心理学》，陈英敏、刘玉译，北京大学出版社，2017。

〔美〕约翰·H. 霍兰：《隐秩序：适应性造就复杂性》，周晓牧、韩晖译，上海科技教育出版社，2000。

〔美〕约翰·霍兰：《涌现：从混沌到有序》，陈禹等译，上海科学技术出版社，2006。

〔美〕约翰·霍兰：《自然与人工系统中的适应》，张江译，高等教育出版社，2008。

〔美〕约翰·塞尔：《心、脑与科学》，杨音莱译，上海译文出版社，1991。

〔美〕约翰·塞尔：《意向性：论心灵哲学》，刘叶涛译，上海人民出版社，2007。

〔美〕约翰 – 克里斯蒂安·史密斯：《认知科学的历史基础》，武建峰译，科学出版社，2014。

〔美〕朱利奥·托诺尼：《从脑到灵魂的旅行》，林旭文译，机械工业出版社，2015。

〔苏〕阿诺尔德：《突变理论》，陈军译，商务印书馆，1992。

〔新〕戴维·布拉登 – 米切尔、〔澳〕弗兰克·杰克逊：《心灵与认知哲学》，魏屹东译，科学出版社，2015。

〔意〕里卡多·曼佐蒂：《弥散的心智》，李恒威、武锐译，北京联合出版公司，2019。

〔意〕洛伦佐·玛格纳尼：《认知视野中的哲学探究》，李平主编，广东人民出版社，2006。

〔英〕P. 切克兰德：《系统论的思想与实践》，左晓斯、史然译，华夏出版社，1990。

〔美〕斯蒂芬·温伯格：《终极理论之梦》，李泳译，湖南科学技术出版社，2018。

〔英〕阿利斯特·E. 麦克格拉思：《科学与宗教引论》，王毅、魏颖译，上海人民出版社，2015。

〔英〕波兰尼:《社会、经济和哲学——波兰尼文选》,彭锋等译,商务印书馆,2006。

〔英〕波普尔:《科学知识进化论——波普尔科学哲学选集》,纪树立编译,生活·读书·新知三联书店,1987。

〔英〕伯特兰·罗素:《哲学大纲》,黄翔译,商务印书馆,2017。

〔英〕C. 麦金:《神秘的火焰:物理世界中有意识的心灵》,刘明海译,商务印书馆,2015。

〔英〕弗朗西斯·克里克:《惊人的假说》,汪云九等译,湖南科学技术出版社,2018。

〔英〕怀特海:《观念的历险》,洪伟译,上海译文出版社,2013。

〔英〕怀特海:《过程与实在:宇宙论研究》,杨富斌译,中国城市出版社,2003。

〔英〕怀特海:《过程与实在:宇宙论研究》,杨富斌译,中国人民大学出版社,2013。

〔英〕怀特海:《科学与近代世界》,何钦译,商务印书馆,1959。

〔英〕罗姆·哈瑞:《认知科学哲学导论》,魏屹东译,上海科技教育出版社,2006。

〔英〕罗素:《物的分析》,贾可春译,商务印书馆,2016。

〔英〕马尔萨斯:《人口论》,陈祖洲译,陕西人民出版社,2013。

〔英〕麦克唐纳:《心身同一论》,张卫国、蒙锡岗译,商务印书馆,2015。

〔英〕尼古拉斯·汉弗莱:《一个心智的历史:意识的起源和演化》,李恒威、张静译,浙江大学出版社,2015。

〔美〕欧阳莹之:《复杂系统理论基础》,田宝国、周亚、樊瑛译,上海科技教育出版社,2002。

〔英〕亚历山大·米勒:《当代元伦理学导论》,张鑫毅译,上海人民出版社,2019。

〔英〕伊恩·斯图尔特:《上帝掷骰子吗?:混沌之新数学》,潘涛译,上海交通大学出版社,2016。

〔英〕约翰·巴罗、〔英〕保罗·戴维斯、〔英〕小查尔斯·哈勃编《实在终极之问》,朱芸慧、罗璇、雷奕安译,湖南科学技术出版社,2018。

〔智〕F. 瓦雷拉、〔加〕E. 汤普森、〔美〕E. 罗施：《具身心智：认知科学和人类经验》，李恒威等译，浙江大学出版社，2010。

蔡晓明编著《生态系统生态学》，科学出版社，2000。

曾永寿：《整体涌现探索——系统科学基础研究》，中国物资出版社，2007。

〔澳〕查默斯：《有意识的心灵：一种基础理论研究》，朱建平译，中国人民大学出版社，2012。

陈刚：《世界层次结构的非还原理论》，华中科技大学出版社，2008。

陈丽：《心灵的神秘性及其消解：柯林·麦金心灵哲学思想研究》，科学出版社，2016。

陈巍：《读心：从扶手椅到实验室的循环》，上海教育出版社，2019。

陈巍：《神经现象学：整合脑与意识经验的认知科学哲学进路》，中国社会科学出版社，2016。

陈巍：《心智三重奏：神经科学、心理学与哲学的共鸣》，西安电子科技大学出版社，2016。

仇德辉：《情感机器人》，台海出版社，2018。

〔英〕达尔文：《物种起源》，桂金译，台海出版社，2017。

邓晓芒：《古希腊罗马哲学讲演录》，北京联合出版公司，2016。

丁立群、李小娟、王治河主编《中国过程研究》第3辑，黑龙江大学出版社，2011。

东雍：《东雍解物理学中的佛法智慧》，巴蜀书社，2017。

范冬萍：《复杂系统突现论——复杂性科学与哲学视野》，人民出版社，2011。

方礼勇：《物理精神物质、信息与人工智能自组装》，电子工业出版社，2020。

方向红：《生成与解构：德里达早期现象学批判疏论》，商务印书馆，2019。

费多益主编《分析哲学专题教程》，中国人民大学出版社，2020。

费多益：《心身关系问题研究》，商务印书馆，2018。

费多益：《寓身认知心理学》，上海教育出版社，2010。

冯契主编《外国哲学大辞典》，上海辞书出版社，2008。

〔美〕M. 盖尔曼：《夸克与美洲豹——简单性和复杂性的奇遇》，杨建邺等译，湖南科技出版社，2001。

高桦：《狄尔泰的生命释义学》，上海人民出版社，2018。

高新民、储昭华主编《心灵哲学》，商务印书馆，2002。

高新民、沈学君：《现代西方心灵哲学》，华中师范大学出版社，2010。

高新民：《心灵与身体——心灵哲学中的新二元论探微》，商务印书馆，2012。

顾凡及、〔德〕卡尔·施拉根霍夫：《意识之谜和心智上传的迷思：一位德国工程师与一位中国科学家之间的对话》，顾凡及译，上海教育出版社，2019。

顾凡及编著《脑海探险——人类怎样认识自己》，上海科学技术出版社，2014。

黄小寒：《世界视野中的系统哲学》，商务印书馆，2006。

黄欣荣：《复杂性科学的方法论研究》，重庆大学出版社，2006。

黄欣荣：《复杂性科学与哲学》，中央编译出版社，2007。

贾林祥：《联结主义认知心理学》，上海教育出版社，2006。

金吾伦：《生成哲学》，河北大学出版社，2000。

金新政、李宗荣：《理论信息学》，华中科技大学出版社，2014。

李德毅、杜鹢：《不确定性人工智能》，国防工业出版社，2005。

李海燕：《光与色：从笛卡尔到梅洛-庞蒂》，四川人民出版社，2018。

李恒威：《意识：从自我到自我感》，浙江大学出版社，2011。

李难编著《进化论教程》，高等教育出版社，1990。

李平等主编《科学·认知·意识哲学与认知科学国际研讨会文集》，江西人民出版社，2004。

李士勇、李研、林永茂编著《智能优化算法与涌现计算》，清华大学出版社，2019。

李轶芳：《过程哲学与当代交往教学重构》，西安交通大学出版社，2018。

李宗荣等：《信息心理学：背景、精要及应用》，武汉大学出版社，2017。

郦全民：《用计算的观点看世界》，广西师范大学出版社，2016。

刘大椿等：《分殊科学哲学史》，中央编译出版社，2017。

刘劲杨：《当代整体论的形式分析》，西南交通大学出版社，2018。

刘劲杨：《哲学视野中的复杂性》，湖南科学技术出版社，2008。

刘敏：《量子波函数及其存在空间探究》，吉林大学出版社，2018。

刘晓力、孟伟：《认识科学前沿中的哲学问题：身体、认知与世界》，金城出版社，2014。

刘晓力主编《心灵—机器交响曲》，金城出版社，2014。

刘晓力等：《认知科学对当代哲学的挑战》，科学出版社，2020。

刘晓青：《大卫·查尔莫斯的自然主义二元论思想研究》，中国社会科学出版社，2017。

楼超权、沈健：《物理学哲学研究》，武汉大学出版社，2012。

马兆远：《人工智能之不能》，中信出版社，2020。

苗东升：《系统科学概览》，中国书籍出版社，2018。

苗东升：《系统科学精要》，中国人民大学出版社，2010。

苗东升：《系统科学精要》，中国人民大学出版社，2016。

苗力田主编《亚里士多德全集》（第3卷），中国人民大学出版社，1992。

钱振华：《科学：人性、信念与价值——波兰尼人文性科学观研究》，知识产权出版社，2008。

商卫星：《意识新论：以认知科学为背景》，武汉出版社，2015。

孙二林、张为斌、吕超：《知识经济和人工智能的新哲学》，中国经济出版社，2018。

唐孝威：《思维研究》，浙江大学出版社，2014。

唐孝威：《意识笔记》，浙江大学出版社，2017。

唐孝威：《意识论——意识问题的自然科学研究》，高等教育出版社，2004。

滕广青：《演化与涌现》，东北师范大学出版社，2018。

汪丁丁：《经济学思想史进阶讲义——逻辑与历史的冲突和统一》，上海人民出版社，2015。

汪丁丁：《行为社会科学基本问题》，上海人民出版社，2017。

王国成：《计算社会科学引论——从微观行为到宏观涌现》，中国社会科学出版社，2015。

王理平：《差异与绵延——柏格森哲学及其当代命运》，人民出版社，2007。

王姝彦：《自然主义视域下的意向性问题研究》，科学出版社，2018。

王树松、李昊婷、吕春华主编《自然辩证法概论》，哈尔滨工程大学出版社，2017。

王态康：《突变和进化》，广东高等教育出版社，1993。

王天一：《人工智能革命：历史、当下与未来》，北京时代华文书局，2017。

王铁招：《自组织进化图景用自组织进化的观点看世界》，河北科学技术出版社，2006。

魏屹东：《广义语境中的科学》，科学出版社，2004。

魏屹东：《科学表征：从结构解析到语境建构》，科学出版社，2018。

魏屹东编著《科学思想史：一种基于语境论编史学的探讨》，科学出版社，2015。

魏屹东编著《认知哲学手册》，科学出版社，2020。

魏屹东：《语境论与科学哲学的重建》（上册、下册），北京师范大学出版社，2012。

魏屹东等：《认知、模型与表征：一种基于认知哲学的探讨》，科学出版社，2016。

魏屹东等：《认知科学哲学问题研究》，科学出版社，2008。

温勇增：《论本能系统的辩证唯物》，九州出版社，2017。

乌杰：《系统哲学》，人民出版社，2008。

吴国林：《量子技术哲学》，华南理工大学出版社，2016。

吴今培、李雪岩、赵云：《复杂性之美》，北京交通大学出版社，2017。

吴胜锋：《当代西方心灵哲学中的二元论研究》，中国社会科学出版社，2013。

吴彤：《复杂性的科学哲学探究》，内蒙古人民出版社，2008。

吴渝、唐红、刘洪涛：《网络群体智能与突现计算》，科学出版社，2012。

向嵋：《数据驱动的复杂动态系统建模》，国防工业出版社，2013。

肖戈：《弗洛伊德的尾巴——心理学极简史》，北京理工大学出版社，2015。

谢爱华：《突现论中的哲学问题》，中央民族大学出版社，2006。

熊哲宏：《认知科学导论》，华中师范大学出版社，2002。

许国志主编《系统科学》，上海科技教育出版社，2000。

杨海军、李建武、李敏强：《进化算法的模式、涌现与困难性研究》，科学出版社，2012。

杨梅：《语言涌现视角下的英语冠词二语习得研究》，科学出版社，2012。

杨仕健：《何为生命之单元——现代生物学思想中的个体性概念研究》，厦门大学出版社，2018。

杨治良主编《简明心理学辞典》，上海辞书出版社，2007。

姚志彬、陈以慈主编《脑研究前沿》，广东科技出版社，1995。

叶浩生主编《具身认知的原理与应用》，商务印书馆，2017。

叶浩生主编《西方心理学研究新进展》，人民教育出版社，2003。

袁书卷：《意识心理学的探索》，西南交通大学出版社，2014。

张汝波、刘冠群、吴俊伟主编《计算智能基础》，哈尔滨工程大学出版社，2013。

张涛：《复杂性探索与马克思恩格斯辩证法的当代阐释》，中国社会科学出版社，2016。

张志林、张华夏主编《系统观念与哲学探索——一种系统主义哲学体系的建构与批评》，中山大学出版社，2003。

张志伟、马丽主编《西方哲学导论》，首都经济贸易大学出版社，2005。

郑荣双：《形而上学心理学》，上海教育出版社，2008。

郑志刚：《复杂系统的涌现动力学：从同步到集体运输》（上册、下册），龙门书局，2019。

中国大百科全书总编辑委员会《哲学》编辑委员会、中国大百科全书出版社编辑部编《中国大百科全书·哲学》(Ⅱ)，中国大百科全书出版社，2002。

中国科学技术协会主编、中国化学会编著《2014—2015 化学学科发展报告》，中国科学技术出版社，2016。

中国信息协会质量分会组织编写《信息化管理人员培训通用教程》，知识产权出版社，2017。

朱宝荣：《认知科学与现代认识论研究》，上海人民出版社，2013。

朱海松：《微博的碎片化传播——网络传播的蝴蝶效应与路径依赖》，广东经济出版社，2013。

朱新明、李亦菲：《架设人与计算机的桥梁：西蒙的认知与管理心理学》，湖北教育出版社，2000。

二　中文期刊、报纸、论文

〔法〕J. P. 威西叶：《层次论和自然界的辩证法》，柳茂林译，《自然辩证法研究通讯》1964 年第 1 期。

〔加〕M. Bunge：《精神与突现》，张尧官摘译，《世界科学》1982 年第 11 期。

〔美〕Michael A. Arbib：《从控制论到认知科学》，陈鹰译，《心理学动态》1990 年第 2 期。

〔美〕P. S. 丘奇兰德：《神经科学对哲学的重要意义》，景键译，《哲学译丛》1989 年第 4 期。

〔美〕R. W. Sperry：《科学与价值的桥梁——一种精神和脑的统一观点》，方能御、张尧官摘译，《世界科学》1982 年第 5 期。

〔英〕V. C. 穆勒：《人脑会被计算机实现吗?》，魏屹东译，《山西大学学报》（哲学社会科学版）2015 年第 2 期。

〔德〕艾卡特·席勒尔：《为认知科学撰写历史》，仕琦译，《国际社会科学杂志》（中文版）1989 年第 1 期。

安晖、李恒威：《神经全局工作空间：迪昂意识思想简论》，《自然辩证法通讯》2019 年第 4 期。

〔美〕保罗·汉弗莱斯：《突现的标准和分类》，付强译，《系统科学学报》2021 年第 2 期。

边尚泽：《迭代运算对涌现现象的变量影响作用》，《电子技术与软件工程》2018 年第 3 期。

蔡曙山：《人类认知的五个层级和高阶认知》，《科学中国人》2016 年第 4 期。

曹青云：《"身心问题"与亚里士多德范式》，《世界哲学》2018 年第 4 期。

曾向阳：《邦格精神理论的逻辑解析》，《南京社会科学》1990 年第 6 期。

曾向阳：《关于层次的哲学思考》，《广东社会科学》1997 年第 1 期。

曾向阳：《突现思想及其哲学价值》，《南京社会科学》1996 年第 6 期。

柴晶、夏建华：《被还原的理论·桥梁法则·还原的理论》，《广西社会科学》2004 年第 10 期。

柴兴云：《试论中药涌现性特征》，《中国中药杂志》2015 年第 13 期。

陈波、陈巍、丁峻：《具身认知观：认知科学研究的身体主题回归》，《心理研究》2010 年第 4 期。

陈红、倪策平：《生命复杂性的层次性解读》，《自然辩证法通讯》2015 年第 6 期。

陈红：《化学超循环与心理超循环——还原和突现的层次性解读》，《安徽大学学报》（哲学社会科学版）2010 年第 2 期。

陈巍、郭本禹：《具身-生成的认知科学：走出"战国时代"》，《心理学探新》2014 年第 2 期。

陈巍、何静：《镜像神经元、同感与共享的多重交互主体性——加莱塞的现象学神经科学思想及其意义》，《浙江社会科学》2017 年第 7 期。

陈巍、李恒威：《胡塞尔时间意识结构的神经现象学重释》，《哲学动态》2014 年第 9 期。

陈巍、李恒威：《直接社会知觉与理解他心的神经现象学主张》，《浙江大学学报》（人文社会科学版）2016 年第 6 期。

陈巍、汪寅：《镜像神经元是认知科学的"圣杯"吗?》，《心理科学》2015 年第 1 期。

陈巍、张静：《语言理解的具身观：基于第二代认知科学的视角》，《绍兴文理学院学报》（哲学社会科学版）2013 年第 1 期。

陈巍、赵燾：《社会机器人何以可能？——朝向一种具身卷入的人工智能设计》，《自然辩证法通讯》2018 年第 1 期。

陈巍：《交互心灵观与具身认知科学的现象学始基》，《科技导报》2011 年第 24 期。

陈巍：《具身交互主体性：神经现象学的审视》，《哲学动态》2013 年第 4 期。

陈巍：《具身认知运动的批判性审思与清理》，《南京师大学报》（社会科学版）2017 年第 4 期。

陈巍：《神经现象学与意识研究东方传统的复兴》，《西南民族大学学报》

（人文社会科学版）2018 年第 7 期。

陈巍：《同感等于镜像化吗？——镜像神经元与现象学的理论兼容性及其争议》，《哲学研究》2019 年第 6 期。

陈巍：《瓦雷拉：认知科学的先驱》，《中国社会科学报》2013 年 9 月 9 日，第 B02 版。

陈巍：《心理模拟之双重形态刍议》，《浙江学刊》2020 年第 1 期。

陈巍：《重解动作理解的"戈尔迪之结"：镜像神经元祛魅》，《心理科学》2017 年第 3 期。

陈伟、金福：《霍兰的涌现性思想评析》，《沈阳师范大学学报》（社会科学版）2008 年第 1 期。

陈晓平：《"随附性"概念辨析》，《哲学研究》2010 年第 4 期。

陈晓平：《"随附性"概念及其哲学意蕴》，《科学技术哲学研究》2010 年第 4 期。

陈晓平：《下向因果与感受性——兼评金在权的心－身理论》，《现代哲学》2011 年第 1 期。

陈晓平：《因果关系与心－身问题——兼论功能主义的困境与出路》，《自然辩证法通讯》2007 年第 5 期。

陈艳、李君亮：《大数据技术的相关性与因果性分析》，《九江学院学报》（社会科学版）2020 年第 4 期。

陈一壮：《论贝塔朗菲的"一般系统论"与圣菲研究所的"复杂适应系统理论"的区别》，《山东科技大学学报》（社会科学版）2007 年第 2 期。

崔艳英、魏屹东：《复杂系统理论是不是心智模块的替代论?》，《系统科学学报》2020 年第 1 期。

崔中良：《身体、行为与意识——评〈抓握与理解：手与人性的涌现〉》，《天中学刊》2018 年第 3 期。

丁峻、陈巍：《具身认知之根：从镜像神经元到具身模仿论》，《华中师范大学学报》（人文社会科学版）2009 年第 1 期。

丁峻：《当代认知科学中的哲学问题——还原论、整体论和心身关系》，《宁夏社会科学》2001 年第 6 期。

董春雨、姜璐：《层次性：系统思想与方法的精髓》，《系统辩证学学报》2001 年第 1 期。

董春雨、薛永红：《机器认识论何以可能?》，《自然辩证法研究》2019 年第 8 期。

董春雨：《国内复杂系统科学哲学研究的若干热点问题》，《学习与探索》2011 年第 5 期。

董云峰、任晓明：《复杂系统突现研究的新趋势》，《自然辩证法通讯》2015 年第 5 期。

董云峰、任晓明：《论人工生命理论在认知科学范式转换中的作用——从"涉身－嵌入"到"涉身－情境"》，《科学技术哲学研究》2015 年第 2 期。

杜雅君、魏屹东：《"符号入场"何以解决符号获得意义问题》，《大连理工大学学报》（社会科学版）2020 年第 2 期。

樊小军：《构筑社会科学的哲学基础——语境论的解决方案研究》，山西大学，博士学位论文，2018。

范冬萍、韩滨宇：《从复杂性科学看恩格斯的系统辩证法思想——纪念恩格斯诞辰 200 周年》，《自然辩证法通讯》2020 年第 12 期。

范冬萍、何德贵：《基于 CAS 理论的社会生态系统适应性治理进路分析》，《学术研究》2018 年第 12 期。

范冬萍、颜泽贤：《复杂系统的下向因果关系》，《哲学研究》2011 年第 11 期。

范冬萍、张华夏：《突现理论：历史与前沿——复杂性科学与哲学的考察》，《自然辩证法研究》2005 年第 6 期。

范冬萍：《"元系统跃迁"与系统涌现性》，《系统辩证学学报》2003 年第 3 期。

范冬萍：《当代整体论的一个新范式：复杂系统突现论——复杂性科学哲学对整体论的发展》，《系统科学学报》2013 年第 2 期。

范冬萍：《复杂系统的突现与层次》，《学术研究》2006 年第 12 期。

范冬萍：《复杂系统的因果观和方法论——一种复杂整体论》，《哲学研究》2008 年第 2 期。

范冬萍：《复杂系统突现研究的新进路》，《学术研究》2011 年第 11 期。

范冬萍：《复杂性科学哲学视野中的突现性》，《哲学研究》2010 年第 11 期。

范冬萍：《复杂性突现理论对整体论的新发展》，《自然辩证法研究》2015 年第 11 期。

范冬萍：《论突现性质的下向因果关系——回应 Jaegwon Kim 对下向因果关系的反驳》，《哲学研究》2005 年第 7 期。

范冬萍：《探索复杂性的系统哲学与系统思维》，《现代哲学》2020 年第 4 期。

范冬萍：《突现论的类型及其理论诉求——复杂性科学与哲学的视野》，《科学技术与辩证法》2005 年第 4 期。

范冬萍：《突现与下向因果关系的多层级控制》，《自然辩证法研究》2012 年第 1 期。

范冬萍：《系统复杂性研究的新起点与新挑战——全国"复杂性与系统科学哲学研究会"成立大会暨学术研讨会综述》，《自然辩证法研究》2002 年第 4 期。

范冬萍：《系统科学哲学理论范式的发展与构建》，《自然辩证法研究》2018 年第 6 期。

范冬萍：《英国突现主义的理论价值与局限——从复杂性科学的发展看》，《系统科学学报》2006 年第 4 期。

方环非、潘丽华：《涌现、分层与辩证法——批判实在论与马克思主义之间的联结》，《中共杭州市委党校学报》2020 年第 5 期。

方圆：《"脑内世界模型"：脑科学基础上的"意识"问题哲学解说》，《华侨大学学报》（哲学社会科学版）2018 年第 5 期。

费多益：《目的论视角的生命科学解释模式反思》，《中国社会科学》2019 年第 4 期。

费多益：《从"无身之心"到"寓心于身"——身体哲学的发展脉络与当代进路》，《哲学研究》2011 年第 2 期。

费多益：《分形学：整体论的扩展》，《科学技术与辩证法》2000 年第 6 期。

费多益：《高阶意识理论探析》，《哲学动态》2016 年第 12 期。

费多益：《如何理解分析哲学的"分析"?》，《哲学研究》2020 年第 3 期。

费多益：《身体的自然化与符号化》，《自然辩证法通讯》2010 年第 2 期。

费多益：《实验哲学：一个尴尬的概念》，《哲学分析》2020 年第 1 期。

费多益：《实在的两种秩序——柏格森的心身观及其当代发展》，《世界哲学》2017 年第 5 期。

费多益：《随机变化中的有序回应——表观遗传的因果性反思》，《自然辩证法研究》2017 年第 8 期。

费多益：《心身难题的概念羁绊》，《哲学研究》2016 年第 10 期。

费多益：《意义的来源》，《世界哲学》2016 年第 6 期。

费多益：《意志自由的心灵根基》，《中国社会科学》2015 年第 12 期。

费多益：《寓身认知理论的循证研究》，《科学技术哲学研究》2010 年第 1 期。

费多益：《知识的确证与心灵的限度》，《自然辩证法研究》2015 年第 11 期。

冯艳霞：《Supervenience 和 Emergence 之辨析——论 Supervenience 和 Emergence 两者的融合》，《系统科学学报》2009 年第 2 期。

符征、李建会：《联结主义与思想的构成性难题》，《科学技术哲学研究》2017 年第 5 期。

符征、李建会：《认知计算主义的六个里程碑》，《科学技术哲学研究》2015 年第 3 期。

傅世侠：《"脑—精神相互作用"析》，《哲学研究》1983 年第 1 期。

〔美〕盖伦·斯特劳森：《意识神话》，李恒威、蔡诗灵译，《哲学分析》2020 年第 2 期。

甘绍平：《意志自由与神经科学的挑战》，《哲学研究》2013 年第 8 期。

甘文华：《唯物主义中的突现论题》，《中共南京市委党校学报》2014 年第 6 期。

高新民、陈丽：《心灵哲学的"危机"与"激进的概念革命"——麦金基于自然主义二元论的"诊断"》，《自然辩证法通讯》2015 年第 6 期。

高新民、严莉莉：《新二元论的突现论路径》，《自然辩证法通讯》2012 年第 3 期。

龚小庆：《经济系统涌现和演化——复杂性科学的观点》，《财经论丛》
（浙江财经学院学报）2004 年第 5 期。

桂起权：《国外生命科学哲学研究代表人物思想解读——按复杂性系统科
学观点》，《淮阴师范学院学报》（哲学社会科学版）2012 年第 1 期。

桂起权：《解读系统生物学：还原论与整体论的综合》，《自然辩证法通讯》
2015 年第 5 期。

桂起权：《再论量子场的实在论和生成辩证法——从生成论与构成论对比
的眼光看》，《自然辩证法研究》2009 年第 3 期。

郭炳发：《霍兰的复杂适应系统理论及其应用》，《华中科技大学学报》
（社会科学版）2004 年第 3 期。

郭贵春、殷杰：《后现代主义与科学实在论》，《自然辩证法研究》2001 年
第 1 期。

郭海云：《"层次"应该成为哲学的一个范畴》，《西北民族大学学报》（哲
学社会科学版）1984 年第 4 期。

郭垒：《还原论、自组织理论和计算主义》，《自然辩证法研究》2003 年第
12 期。

郭元林、金吾伦：《复杂性是什么?》，《科学技术与辩证法》2003 年第
6 期。

郭元林：《论复杂性科学的诞生》，《自然辩证法通讯》2005 年第 3 期。

〔美〕汉弗莱斯：《情景突现论——心灵与基础物理学的关系》，王东译，
《哲学研究》2011 年第 11 期。

何建南：《哈肯大脑协同学及其认知意义》，《五邑大学学报》（社会科学
版）2006 年第 2 期。

何静：《具身认知研究的三种进路》，《华东师范大学学报》（哲学社会科
学版）2014 年第 6 期。

贺撒文：《突现论及其在当代西方心灵哲学中的新进展》，《河南社会科学》
2015 年第 3 期。

贺善侃：《复杂性科学视野下的思维具体原则》，《上海师范大学学报》
（哲学社会科学版）2010 年第 4 期。

胡光远：《强、弱随附性概念探析》，《自然辩证法研究》2016 年第 12 期。

黄传根：《亚里士多德"灵魂－认知"理论研究》，《哲学研究》2017 年第 1 期。

黄国平、姜军：《基于系统科学理论的认知科学研究进展》，《南京理工大学学报》（社会科学版）2017 年第 1 期。

黄键、范冬萍：《系统层级原理及其在组织管理中的方法论价值》，《系统科学学报》2021 年第 2 期。

黄侃：《认知科学的方法论探析》，《哲学动态》2016 年第 12 期。

黄欣荣：《复杂性科学研究方法论纲》，《科学技术与辩证法》2006 年第 1 期。

黄欣荣：《涌现生成方法：复杂组织的生成条件分析》，《河北师范大学学报》（哲学社会科学版）2011 年第 5 期。

黄正华：《认知科学中的心身问题与认识论》，《科学技术与辩证法》2006 年第 5 期。

霍涌泉、段海军：《认知科学范式的意识研究：进路与发展前景》，《陕西师范大学学报》（哲学社会科学版）2008 年第 6 期。

冀剑制：《心之不可化约性问题的论战》，《哲学与文化》2006 年第 9 期。

贾向桐：《当代人工智能中计算主义面临的双重反驳——兼评认知计算主义发展的前景与问题》，《南京社会科学》2019 年第 1 期。

〔美〕杰拉尔德·M. 埃德尔曼：《自然化意识：一个理论框架》，李恒威、王梦颖译，《洛阳师范学院学报》2018 年第 9 期。

金福、陈伟：《遗传算法之父——霍兰及其科学工作》，《自然辩证法通讯》2007 年第 2 期。

金士尧、黄红兵、任传俊：《基于复杂性科学基本概念的 MAS 涌现性量化研究》，《计算机学报》2009 年第 1 期。

金士尧、任传俊、黄红兵：《复杂系统涌现与基于整体论的多智能体分析》，《计算机工程与科学》2010 年第 3 期。

金吾伦、蔡仑：《对整体论的新认识》，《中国人民大学学报》2007 年第 3 期。

金吾伦：《从复杂系统理论看传统思维方式的历史演变》，《杭州师范大学学报》（社会科学版）2008 年第 3 期。

柯遵科：《赫胥黎与渐变论》，《北京大学学报》（哲学社会科学版）2015
年第 4 期。

邝茵茵、范冬萍：《非还原个体主义的论证困境——为不可还原性与下向
因果关系的辩护》，《自然辩证法研究》2014 年第 2 期。

黄益民：《因果理论：上向因果性与下向因果性》，《哲学研究》2019 年第
4 期。

李伯约：《论认知系统》，《云南师范大学学报》2000 年第 4 期。

李铖：《从应对三种版本的排除论证看心理因果多元论》，《自然辩证研
究》2020 年第 12 期。

李德毅等：《涌现计算：从无序掌声到有序掌声的虚拟现实》，《中国科学
E 辑：信息科学》2007 年第 10 期。

李光辉、陈刚：《人工智能的内在表征何以可能》，《自然辩证法通讯》
2019 年第 3 期。

李海平：《语境在意义追问中的本体论性——当代语言哲学发展对意义的
合理诉求》，《东北师大学报》（哲学社会科学版）2006 年第 5 期。

李恒威、董达：《自然主义泛心论：基本观念和问题》，《上海交通大学学
报》（哲学社会科学版）2017 年第 1 期。

李恒威、黄华新：《表征与认知发展》，《中国社会科学》2006 年第 2 期。

李恒威、王昊晟：《后人类社会图景与人工智能》，《华东师范大学学报》
（哲学社会科学版）2020 年第 5 期。

李恒威、王昊晟：《人工智能威胁论溯因——技术奇点理论和对它的驳
斥》，《浙江学刊》2019 年第 2 期。

李恒威、王昊晟：《赛博格与（后）人类主义——从混合 1.0 到混合 3.0》，
《社会科学战线》2020 年第 1 期。

李恒威、王昊晟：《心智的生命观及其对人工智能奇点论的批判》，《哲学
研究》2019 年第 6 期。

李恒威、王梦颖：《埃德尔曼及其意识研究思想简论》，《洛阳师范学院学
报》2018 年第 9 期。

李恒威、王小潞、唐孝威：《如何处理意识研究中的"难问题"?》，《自然

辩证法通讯》2007 年第 1 期。

李恒威、武锐：《认知科学：再启两种文化的对话》，《社会科学战线》
2018 年第 3 期。

李恒威、武锐：《预测心智：一个可能的统一认知理论》，《社会科学报》
2020 年 7 月 16 日，第 5 版。

李恒威：《生成认知：基本观念和主题》，《自然辩证法通讯》2009 年第
2 期。

李恒威：《意识经验的感受性和涌现》，《中共浙江省委党校学报》2006 年
第 1 期。

李建会、夏永红：《后奇点时代的人工智能与人类的尊严》，《特区实践与
理论》2019 年第 2 期。

李建会、夏永红：《人工智能会获得创造力吗?》，《国外社会科学》2020
年第 5 期。

李建会、夏永红：《延展心灵的三次浪潮》，《科学技术哲学研究》2016 年
第 1 期。

李建会、夏永红：《宇宙是一个计算机吗？——论基于自然计算的泛计算
主义》，《世界哲学》2018 年第 2 期。

李建会：《还原论、突现论与世界的统一性》，《科学技术与辩证法》1995
年第 5 期。

李建会：《人工生命：探索新的生命形式》，《自然辩证法研究》2001 年第
7 期。

李建会：《生物学哲学的两种理论倾向》，《中国社会科学报》2016 年 5 月
10 日，第 2 版。

李劲、肖人彬：《涌现计算综述》，《复杂系统与复杂性科学》2015 年第
4 期。

李曙华：《系统科学——从构成论走向生成论》，《系统辩证学学报》2004
年第 2 期。

李夏、戴汝为：《突现（emergence）——系统研究的新观念》，《控制与决
策》1999 年第 2 期。

李亚娟、李建会：《环境在适应中的作用：从"筛子"到"能动者"》，

《科学技术哲学研究》2019 年第 3 期。

李珍：《人工智能的自然之维》，《云南社会科学》2020 年第 1 期。

郦全民：《认知研究中的行动概念》，《自然辩证法通讯》2019 年第 1 期。

郦全民：《生命概念的哲学辨析》，《华东师范大学学报》（哲学社会科学版）2008 年第 6 期。

郦全民：《当人工智能"遇见"计算社会科学》，《人民论坛·学术前沿》2019 年第 20 期。

郦全民：《分析突现的两个维度》，《哲学研究》2010 年第 9 期。

郦全民：《机械论与哲学化的机器》，《自然辩证法通讯》2008 年第 3 期。

郦全民：《论计算社会科学的双重功能》，《上海交通大学学报》（哲学社会科学版）2019 年第 5 期。

郦全民：《认知计算主义的威力和软肋》，《自然辩证法研究》2004 年第 8 期。

郦全民：《认知可计算主义的"困境"质疑——与刘晓力教授商榷》，《中国社会科学》2003 年第 5 期。

郦全民：《探索复杂性的计算途径》，《自然辩证法研究》2002 年第 6 期。

郦全民：《心智计算理论新进展》，《中国社会科学报》2017 年 2 月 27 日，第 7 版。

郦全民：《意向性的计算解释》，《哲学研究》2012 年第 9 期。

林旺、曹志平：《社会突现论对社会因果的研究》，《自然辩证法通讯》2020 年第 4 期。

刘劲杨：《构成与生成——方法论视野下的两种整体论路径》，《中国人民大学学报》2009 年第 4 期。

刘劲杨：《整体论的当代定位与思想整合》，《中国社会科学报》2019 年 3 月 26 日，第 7 版。

刘魁：《当代物理主义的困境与出路》，《南京理工大学学报》（社会科学版）1997 年第 5 期。

刘亮：《形式与认知：对撞中的融合》，《社会科学论坛》2015 年第 3 期。

刘明海、朱炬伯、马懿莉：《人工智能"瓶颈"的突现论"突破"》，《贵州大学学报》（社会科学版）2013 年第 5 期。

刘明海：《第二代认知科学悖论的形质说"破解"》，《世界哲学》2014年第6期。

刘珊：《涌现论及其在构式习得中的应用》，《现代语文》2018年第2期。

刘晓力：《当代哲学如何面对认知科学的意识难题》，《中国社会科学》2014年第6期。

刘晓力：《交互隐喻与涉身哲学——认知科学新进路的哲学基础》，《哲学研究》2005年第10期。

刘晓力：《认知科学研究纲领的困境与走向》，《中国社会科学》2003年第1期。

刘晓力：《如何理解人工智能》，《光明日报》2016年5月25日，第14版。

刘晓力：《延展认知与延展心灵论辨析》，《中国社会科学》2010年第1期。

刘晓力：《哲学与认知科学交叉融合的途径》，《中国社会科学》2020年第9期。

刘晓力：《重审心智的计算主义　萨迦德如何面对CRUM遭遇的挑战》，《科学文化评论》2012年第5期。

刘益宇：《涌现的本体论建构——当代怀特海主义者的研究径路及其贡献》，《系统科学学报》2012年第3期。

罗嘉昌：《当代哲学中的物质观》，《自然辩证法通讯》1985年第5期。

吕乃基：《人类认知系统的演化与"科技认知—行为系统"》，《自然辩证法研究》2019年第10期。

蒙锡岗：《突现论心身观与发展马克思主义意识论》，《甘肃社会科学》2010年第6期。

苗东升：《把系统作为过程来对待》，《湖南科技大学学报》（社会科学版）2004年第5期。

苗东升：《复杂性研究的现状与展望》，《系统辩证学学报》2001年第4期。

苗东升：《论复杂性》，《自然辩证法通讯》2000年第6期。

苗东升：《论系统思维（二）：从整体上认识和解决问题》，《系统辩证学学报》2004年第4期。

苗东升：《论系统思维（六）：重在把握系统的整体涌现性》，《系统科学学报》2006 年第 1 期。

苗东升：《论系统思维（三）：整体思维与分析思维相结合》，《系统辩证学学报》2005 年第 1 期。

苗东升：《论系统思维（五）：跳出系统看系统》，《系统辩证学学报》2005 年第 3 期。

苗东升：《论系统思维（一）：把对象作为系统来识物想事》，《系统辩证学学报》2004 年第 3 期。

苗东升：《论涌现》，《河池学院学报》2008 年第 1 期。

苗东升：《系统科学的难题与突破点》，《科技导报》2000 年第 7 期。

苗东升：《系统科学论》，《系统辩证学学报》1998 年第 4 期。

苗东升：《系统科学哲学论纲》，《哲学动态》1997 年第 2 期。

苗东升：《系统思维与复杂性研究》，《系统辩证学学报》2004 年第 1 期。

磨胤伶：《超越社会科学方法论二元对立的新尝试——对索耶社会突现论的研究》，《天府新论》2019 年第 3 期。

倪梁康：《探寻自我：从自身意识到人格生成》，《中国社会科学》2019 年第 4 期。

潘威、汪寅、陈巍：《心智化社会认知观的演变及发展——来自潜心智化的思考》，《心理科学》2017 年第 5 期。

齐磊磊、张华夏：《论突现的不可预测性和认知能力的界限——从复杂性科学的观点看》，《自然辩证法研究》2007 年第 4 期。

齐磊磊、张华夏：《论系统突现的概念——响应乌杰教授对自组织涌现律的研究》，《系统科学学报》2009 年第 3 期。

屈强、何新华、刘中旵：《系统涌现的要素和动力学机制》，《系统科学学报》2017 年第 3 期。

任晓明、李熙：《自我升级智能体的逻辑与认知问题》，《中国社会科学》2019 年第 12 期。

尚凤森：《意识神经生物学的哲学研究》，山西大学，博士学位论文，2018。

邵艳梅、吴彤：《从运动感知视角看身体与技术的关系》，《自然辩证法研究》2019 年第 3 期。

施杨：《涌现研究的学科演进及其系统思考》，《系统科学学报》2006 年第 2 期。

〔美〕R. W. Sperry：《科学与价值的桥梁———一种精神和脑的统一观点》，方能御、张尧官译，《世界科学》1982 年第 5 期。

〔法〕斯塔尼斯拉斯·迪昂撰《机器会拥有意识吗?》，李恒威、蔡诗灵、安晖译，《新疆师范大学学报》（哲学社会科学版）2019 年第 1 期。

〔瑞典〕斯文欧·汉森：《哲学中的形式化》，赵震译，《哲学分析》2011 年第 4 期。

唐建荣、傅国华：《层次哲学与分层次管理研究》，《管理学报》2017 年第 3 期。

唐热风：《物理主义的新形式———伴随物理主义和构成物理主义》，《哲学动态》1997 年第 8 期。

唐孝威：《意识定律》，《应用心理学》2017 年第 3 期。

〔美〕特伦斯·迪肯、詹姆斯·海格、杰伊·奥格威：《自我的涌现》，王萍、王健译，《哲学分析》2018 年第 5 期。

涂良川：《因果推断证成强人工智能的哲学叙事》，《哲学研究》2020 年第 12 期。

万君晓、范冬萍：《系统生物学机械论解释之内涵及其完善进路》，《自然辩证法研究》2016 年第 1 期。

万君晓、范冬萍：《系统生物学研究中跨层级解释进路探析》，《自然辩证法研究》2020 年第 5 期。

王东、吴彤：《数学认知中的具身进路及其哲学观初探》，《科学技术哲学研究》2020 年第 6 期。

王建辉：《打破实在论与观念论的二分———认知生成主义及其多样化趋势探究》，《科学技术哲学研究》2019 年第 5 期。

王建辉：《当代生成主义的“约纳斯转向”评述》，《科学技术哲学研究》2017 年第 6 期。

王金颖：《生成认知：具身进路与佛学认知观的交融》，《自然辩证法通讯》2017 年第 3 期。

王亚男、殷杰：《社会科学中语境论的适用性考察》，《天津社会科学》

2020 年第 5 期。

王亚男、殷杰：《社会学研究的"复杂性转向"》，《科学技术哲学研究》2015 年第 1 期。

王延光：《斯佩里：脑—意识相互作用理论形成发展过程》，《自然辩证法通讯》1996 年第 3 期。

王延光：《意识突现论与意志自由》，《哲学动态》2014 年第 9 期。

王颖吉、卫琳聪：《智能源于生命：人工生命的实践与观念》，《媒介批评》第 8 辑，2018。

王勇、王蒲生：《论突现与开放复杂巨系统》，《系统科学学报》2014 年第 2 期。

王志康：《层次论与辩证法的充实和发展》，《学术界》2000 年第 6 期。

王志康：《复杂性科学理论对辩证唯物主义十个方面的丰富和发展》，《河北学刊》2004 年第 6 期。

王中阳、张怡：《复杂适应系统（CAS）理论的科学与哲学意义》，《东华大学学报》（社会科学版）2007 年第 3 期。

〔加〕威廉·西格：《意识的哲学理论史》，陈巍译，《求是学刊》2013 年第 3 期。

魏巍、郭和平：《关于系统"整体涌现性"的研究综述》，《系统科学学报》2010 年第 1 期。

魏屹东、常照强：《当代认知系统研究的趋向与挑战》，《社会科学》2013 年第 6 期。

魏屹东、崔艳英：《心智表征是否也要物理还原？——兼评乔姆斯基心智表征研究对物理主义的批判》，《科学技术哲学研究》2018 年第 1 期。

魏屹东、杜雅君：《现象意向性超越了自然化意向性吗?》，《哲学分析》2018 年第 5 期。

魏屹东、王敬：《论情境认知的本质特征》，《自然辩证法通讯》2018 年第 2 期。

魏屹东、武建峰：《认知生成主义的方法论意义》，《自然辩证法通讯》2015 年第 2 期。

魏屹东、武建峰：《认知生成主义的认识论意义》，《学术研究》2015 年第

2 期。

魏屹东、武胜国：《"自由意志问题"的语境同一论解答》，《学术月刊》
2018 年第 11 期。

魏屹东、武胜国：《意识的统一性何以可能?》，《自然辩证法通讯》2019
年第 4 期。

魏屹东、杨小爱：《自语境化：一种科学认知新进路》，《理论探索》2013
年第 3 期。

魏屹东、袁鋆：《认知动力模型面临的几个问题》，《自然辩证法研究》
2014 年第 3 期。

魏屹东、张绣蕊：《"自我"概念的语境分析》，《山西大学学报》（哲学社
会科学版）2020 年第 1 期。

魏屹东：《科学表征：问题、争论与解决路径》，《哲学分析》2016 年第
5 期。

魏屹东：《科学能够解释意识现象吗?》，《山西大学学报》（哲学社会科学
版）2021 年第 1 期。

魏屹东：《论具身人工智能的可能性和必要性》，《人文杂志》2021 年第
2 期。

魏屹东：《人工智能的适应性表征》，《上海师范大学学报》（哲学社会科
学版）2018 年第 1 期。

魏屹东：《人工智能的适应性知识表征与推理》，《上海师范大学学报》
（哲学社会科学版）2019 年第 1 期。

魏屹东：《人工智能对不确定性的适应性表征》，《上海师范大学学报》
（哲学社会科学版）2020 年第 4 期。

魏屹东：《适应性表征：架构自然认知与人工认知的统一范畴》，《哲学研
究》2019 年第 9 期。

魏屹东：《适应性表征是人工智能发展的关键》，《人民论坛·学术前沿》
2019 年第 21 期。

魏屹东：《溯因推理与科学认知的适应性表征》，《南京社会科学》2020 年
第 7 期。

魏屹东：《心理表征的自然主义解释》，《山西大学学报》（哲学社会科学

版）2016 年第 4 期。

魏屹东：《语境论与马克思主义哲学》，《理论探索》2012 年第 5 期。

魏屹东：《语境同一论：科学表征问题的一种解答》，《中国社会科学》
　　2017 年第 6 期。

乌杰：《关于自组（织）涌现的哲学》，《系统科学学报》2012 年第 3 期。

邬焜：《认识发生的多维综合"涌现"的复杂性特征——对胡塞尔现象学
　　还原理论的单维度、简单性特征的批判》，《河北学刊》2014 年第
　　4 期。

吴胜锋：《当代西方心灵哲学中的突现论及其自然科学基础问题研究》，
　　《科学技术哲学研究》2014 年第 5 期。

吴胜锋：《量子力学与当代心灵哲学中的二元论》，《科学技术哲学研究》
　　2019 年第 4 期。

吴彤、黄欣荣：《复杂性：从"三"说起》，《系统辩证学学报》2005 年第
　　1 期。

吴彤：《从实践哲学看归纳问题》，《自然辩证法研究》2020 年第 4 期。

吴彤：《复杂性、生成与文化——简评金吾伦先生的〈生成哲学〉》，《系
　　统科学学报》2018 年第 2 期。

吴彤：《科学哲学视野中的客观复杂性》，《系统辩证学学报》2001 年第
　　4 期。

吴彤：《略论认识论意义的复杂性》，《哲学研究》2002 年第 5 期。

吴彤：《若干复杂性著作和 emergence 近期文献分析研究》，《系统科学学
　　报》2007 年第 3 期。

吴彤：《试论复杂系统思想对于科学哲学的影响》，《系统科学学报》，2013
　　年第 1 期。

吴彤：《中国系统科学哲学三十年：回顾与展望》，《科学技术哲学研究》
　　2010 年第 2 期。

吴畏：《突现论的三种理论类型》，《长沙理工大学学报》（社会科学版）
　　2013 年第 2 期。

武建峰、魏屹东：《生成认知科学中的连续性论题》，《江苏社会科学》
　　2014 年第 3 期。

武建峰：《控制论对生成认知科学范式的影响》，《自然辩证法通讯》2018年第1期。

武建峰：《认知生成主义的认识论问题》，《学术交流》2017年第5期。

武胜国、魏屹东：《论感受质之争的双重维度》，《海南大学学报》（人文社会科学版）2018年第4期。

夏永红、李建会：《超越大脑界限的认知：情境认知及其对认知本质问题的回答》，《哲学动态》2015年第12期。

夏永红、李建会：《人工智能的框架问题及其解决策略》，《自然辩证法研究》2018年第5期。

〔美〕肖恩·加拉格尔：《当具身认知在跨学科合作中得到耦合——访加拉格尔教授》，何静译，《哲学分析》2018年第6期。

谢爱华：《"突现论"中的哲学问题》，中国社会科学院研究生院，博士学位论文，2000。

谢爱华：《突现论：科学与哲学的新挑战》，《自然辩证法研究》2003年第9期。

谢爱华：《作为"范式"的突现模型》，《系统科学学报》2009年第1期。

谢江平：《达尔文历史观的近唯物主义解释——进化论与唯物史观关系再思考》，《学术界》2020年第7期。

邢如萍：《下向因果性与附生性——论金宰权对突现论的反对》，《系统科学学报》2009年第2期。

徐盛桓：《语言研究的心智哲学视角——"心智哲学与语言研究"之五》，《河南大学学报》（社会科学版）2011年第4期。

徐英瑾，刘晓力：《认知科学视域中的康德伦理学》，《中国社会科学》2017年第12期。

许珍琼、高度：《突现论与心身问题》，《武汉大学学报》2004年第6期。

颜泽贤：《突现问题研究的一种新进路——从动力学机制看》，《哲学研究》2005年第7期。

杨桂通：《涌现的哲学——再学系统哲学第一规律：自组织涌现律》，《系统科学学报》2016年第1期。

杨仕健、李建会：《"生物学个体"之划界难题及其本体论分析》，《哲学动态》2018 年第 2 期。

杨小爱：《认知的语境论研究——智能机自语境认知的假设与论证》，山西
　　大学，博士学位论文，2013。

叶浩生：《镜像神经元的意义》，《心理学报》2016 年第 4 期。

叶立国：《系统科学理论体系的重建及其哲学思考》，南京大学，博士学位
　　论文，2010。

殷杰、尚凤森：《意识的本质、还原与意义——科赫意识思想简论》，《社
　　会科学辑刊》2018 年第 3 期。

殷杰、王亚男：《社会科学中复杂系统范式的适用性问题》，《中国社会科
　　学》2016 年第 3 期。

殷杰：《语境主义世界观的特征》，《哲学研究》2006 年第 5 期。

游均、周昌乐：《机器如何处理意识难问题》，《自然辩证法研究》2020 年
　　第 4 期。

于金龙：《复杂性方法论：多元·实践·融合——基于复杂性认知隐喻的
　　探析》，《科学技术哲学研究》2012 年第 2 期。

于小涵、李恒威：《认知和心智的边界——当代认知系统研究概观》，《自
　　然辩证法通讯》2011 年第 1 期。

于小涵、盛晓明：《从分布式认知到文化认知》，《自然辩证法研究》2016
　　年第 11 期。

郁锋：《金在权心理因果观的形上之辩》，《科学技术哲学研究》2018 年第
　　4 期。

张华夏：《复杂系统研究与本体论的复兴》，《系统辩证学学报》2003 年第
　　2 期。

张华夏：《两种系统思想，两种管理理念——兼评斯达西的复杂应答过程
　　理论》，《哲学研究》2007 年第 11 期。

张华夏：《突现与因果》，《哲学研究》2011 年第 11 期。

张华夏：《因果性究竟是什么?》，《中山大学学报》（社会科学版）1992 年
　　第 1 期。

张建琴：《阐明和改进辩证法的一种尝试——兼评张华夏的〈系统哲学三
　　定律〉一书》，《系统科学学报》2016 年第 2 期。

张江：《涌现计算概述》，《五邑大学学报》（自然科学版）2011 年第 4 期。

张静、陈巍：《对话心智与身体：具身认知的内感受研究转向》，《心理科学》2021 年第 1 期。

张君弟：《论复杂适应系统涌现的受限生成过程》，《系统辩证学学报》2005 年第 2 期。

张茗：《生成认知——系统哲学分析与神经科学证据》，《系统科学学报》2015 年第 4 期。

张嗣瀛：《复杂系统、复杂网络自相似结构的涌现规律》，《复杂系统与复杂性科学》2006 年第 4 期。

张铁山：《对质疑和挑战延展心灵论题论证策略的辩证分析》，《自然辩证法研究》2016 年第 11 期。

张铁山：《复杂性视阈下的缘身认知动力系统研究》，《系统科学学报》2011 年第 2 期。

张旺君：《系统适应性层级进化思想研究》，《系统科学学报》2021 年第 2 期。

张卫国：《心理因果性与心灵理论的嬗变》，《甘肃社会科学》2010 年第 6 期。

张鑫、李建会：《经典遗传学与分子遗传学之间的理论还原》，《自然辩证法通讯》2018 年第 5 期。

张鑫、李建会：《论罗森伯格的兑现式还原论》，《科学技术哲学研究》2020 年第 3 期。

张鑫、李建会：《生物学中的弱解释还原论及其辩护》，《自然辩证法通讯》2019 年第 2 期。

张绣蕊、魏屹东：《心理空间：知觉符号理论的修正与扩展》，《自然辩证法通讯》2021 年第 1 期。

张尧官、方能御：《1981 年诺贝尔生理学、医学奖获得者罗杰·渥尔考特·斯佩里》，《世界科学》1982 年第 1 期。

张一兵：《波兰尼：意识突现结构中的综合意会实在》，《学术交流》2020 年第 1 期。

张一兵：《突现的意会场境存在——波兰尼〈意会向度〉解读》，《江西社会科学》2020 年第 3 期。

张珍、范冬萍：《从复杂系统科学的发展看突现与还原之争》，《系统科学学报》2008 年第 3 期。

张珍：《跨学科研究的新视野——"系统科学哲学与社会发展"2008 国际研讨会综述》，《自然辩证法研究》2009 年第 3 期。

张珍：《社会科学哲学的突现整体主义——索耶的社会突现理论探析》，《自然辩证法研究》2016 年第 10 期。

张忠维：《涌现及其内在机理初探》，华南师范大学，硕士学位论文，2002。

赵楠楠、欧阳鑫玉：《复杂系统涌现概述》，第 27 届中国控制与决策会议论文，青岛，2015。

赵运平：《知识耗散的产业供需侧适配人才涌现机制》，《自然辩证法通讯》2018 年第 8 期。

郑渝川：《如何从混沌中涌现秩序》，《IT 经理世界》2018 年第 4 期。

郑作彧：《齐美尔社会学理论中的突现论意涵》，《广东社会科学》2019 年第 6 期。

周红辉、冉永平：《语境的社会－认知语用考辨》，《外国语》（上海外国语大学学报）2012 年第 6 期。

周乐、高强：《"从生成到涌现：生命体意识的身体知觉"译与析》，《成都体育学院学报》2019 年第 3 期。

周理乾：《不完全自然的生成——论迪肯的"缺失主义"与突现动力学》，《科学技术哲学研究》2016 年第 1 期。

周理乾：《论系统科学与传统科学的不连续性及其哲学思考》，《系统科学学报》2017 年第 2 期。

周晓亮：《试论西方心灵哲学中的"感受性问题"》，《黑龙江社会科学》2008 年第 6 期。

周晓亮：《自我意识、心身关系、人与机器：试论笛卡尔的心灵哲学思想》，《自然辩证法通讯》2005 年第 4 期。

朱菁：《以科学为师：哲学自然主义》，《中国社会科学报》2020 年 7 月 3 日，第 4 版。

朱霖:《现代心身问题的困境——论"整体突现论"的无效》,《西南民族大学学报》(人文社会科学版) 2011 年第 5 期。

三　外文图书

A. Clark, *Being there: Putting Brain, Body, and World Together Again* (Cambridge: MIT Press, 1997).

A. Clark, *Mindware: An Introduction to the Philosophy of Cognitive Science* (Oxford: Oxford University Press, Inc., 2001).

A. Clark, *Supersizing the Mind: Embodiment, Action, and Cognitive Extension* (Oxford: Oxford University Press, 2008).

A. Juarrero, *Dynamics in Action* (Cambridge: MIT Press, 1999).

C. D. Broad, *The Mind and Its Place in Nature* (London: Kegan Paul, 1925).

C. E. Erneling, D. M. Johnson, *The Mind as a Scientific Object: Between Brain and Culture* (New York: Oxford University Press, Inc., 2005).

D. Blitz, *Emergent Evolution: Qualitative Novelty and the Levels of Reality* (Dordrecht: Kluwer Academic Publishers, 1992).

D. Chalmers, *The Conscious Mind: In Search of a Fundamental Theory* (Oxford: Oxford University Press, 1996).

E. Thompson, *Mind in Life: Biology, Phenomenology, and the Sciences of Mind,* (Cambridge, MA: Belknap Press, 2007).

G. Lewes, *Problems of Life and Mind, First Series,* Vol. II (Honolulu: World Public Library. org, 2010).

G. M. Edelman, *Neural Darwinism: The Theory of Neuronal Group Selection* (New York: Basic, Inc., Publishers, 1987).

G. M. Edelman, *Wider Than the Sky: The Phenomenal Gift of Consciousness* (USA: Yale University, 2004).

G. Minati, M. Abram, E. Pessa, *Processes of Emergence of Systems and Systemic Properties: Towards a General Theory of Emergence* (Singapore: World Scientific Publishing Co. Pte. Ltd, 2009).

J. C. Smuts, *Holism and Evolution* (London: The Macmilian Company,

1926).

J. Kim, *Mind in a Physical World*: *An Essay on the Mind-Body Problem and Mental Causation* (Cambridge: MIT Press, 1998).

J. Kim, *Supervenience and Mind* (Cambridge: Cambridge University Press, 1993).

J. M. Epstein, *Generative Social Science*: *Studies in Agent-Based Computational Modeling* (*Princeton Studies in Complexity*) (New Jersey: Princeton University Press, 2006).

J. Needham, *Integrative Levels*: *A Reevaluation of the Idea of Progress* (Oxford: Clarendon Press, 1937).

J. S. Huxley, T. H. Huxley, *Evolution and Ethics*: *1893 – 1943* (London: The Pilot Press, 1947).

M. A. Bedau, P. Humphreys, *Emergence*: *Contemporary Readings in Philosophy and Science* (Cambridge: MIT Press, 2008).

M. Bunge, *Emergence and Convergence*: *Qualitative Novelty and the Unity of Knowledge* (Toronto Buffalo London: University of Toronto Press, 2014).

M. Bunge, *Matter and Mind*: *A Philosophical Inquiry* (Netherlands: Springer, 2010).

M. Bunge, *Scientific Materialism* (Dordrecht: D. Reidel Publishing Company, 1981).

M. Bunge, *Treatise on Basic Philosoph*, Vol. 4, *Ontology II*: *A World of Systems* (Dordrecht: D. Reidel Publishing Company, 1979).

P. Clayton, *Mind and Emergence*: *From Quantum to Consciousness* (Oxford: Oxford University Press, 2004).

P. Clayton, P. Davies, *The Re-Emergence of Emergence*: *The Emergentist Hypothesis from Science to Religion* (New York: Oxford University Press, 2006).

R. D. Stacey, *Complexity and Group Processes*: *A Radically Social Understanding of Individuals* (New York: Brunner-Rouledge, 2003).

R. D. Stacey, D. Griffin, eds. , *Complexity and the Experience of Managing in*

Public Sector Organizations（Oxon：Routledge，2006）.

R. K. Sawyer，*Social Emergence：Society as Complex Systems*（New York：Cambridge University Press，2005）.

R. Serra，G. Zanarini，*Complex Systems and Cognitive Processes*（Berlin，Heidelberg：Springer-Verlag，1990）.

R. W. Batterman，*The Devil in the Detail，Asymptotic Reasoning in Explanation，Reduction，and Emergence*（Oxford：Oxford University Press，2002）.

S. Alexander，*Space，Time and Deity：The Gifford Lectures at Glasgow，1916 - 1918*（Canada：Palgrave Macmillan，1966）.

S. Alexander，*Space，Time，and Deity*，Vol. 2（London：Macmillan，1920）.

S. R. Kirschner，A. J. Martin，*The Sociocultural Turn in Psychology：The Contextual Emergence of Mind and Self*（New York：Columbia University Press，2010）.

W. Seager，*Natural Fabrication：Science，Emergence and Consciousness*（Berlin，Heidelberg：Springer-Verlag，2012）.

四　外文期刊

A. Clark，"An Embodied Cognitive Science?" *Trends in Cognitive Science* 3（9）（1999）：345 - 351.

A. Clark，"Chalmers D. The Extended Mind," *Analysis* 58（1）（1998）：7 - 19.

A. Clark，"Reasons，Robots and the Extended Mind," *Mind and Language* 16（2001）：121 - 145.

A. Hüttemann，"Explanation，Emergence，and Quantum Entanglement," *Philosophy of Science* 72（1）（2005）：114 - 127.

A. Marras，"Psychophysical Supervenience and Nonreductive Materialism," *Synthese* 95（2）（1993）：275 - 304.

A. Stephan，"Armchair Arguments Against Emergentism," *Erkenntnis* 46（3）（1997）：305 - 314.

A. Stephan，"Emergence," *Biological Theory* 2（1）（2009）：1085 - 1088.

A. Stephan，"Emergentism，Irreducibility，and Downward Causation ," *Grazer*

Philosophische Studien 65 (1) (2002): 77 –93.

A. Stephan, "The Dual Role of 'Emergence' in the Philosophy of Mind and in Cognitive Science," *Synthese* 151 (2006): 485 –498.

A. Wayne, M. Arciszewski, "Emergence in Physics," *Philosophy Compass* 4 (5) (2009): 846 –858.

B. Cunningham, "The Re-Emergence of 'Emergence'," *Philosophy of Science* 68 (3) (2001): 62 –75.

B. Shanon, "Consciousness," *Journal of Mind and Behavior* 11 (2) (1990): 137 –151.

B. Umut, "Causal Emergence and Epiphenomenal Emergence," *Erkenntnis*, (2018): 1 –14.

B. Weber, "Life," *Stanford Encyclopedia of Philosophy* 7 (2011), in N. 2. Edward ed., URL = https://plato. stanford. edu/archives/win2011/entries/life/.

C. Castelfranchi, "Emergence and Cognition: Towards a Synthetic Paradigm," in H. Coelho ed., *Progress in Artificial Intelligence—IBERAMIA 98* (Berlin, Heidelberg: Springer, 1998).

C. Emmeche, S. Køppe, F. Stjernfelt, "Explaining Emergence: Towards an Ontology of Levels," *Journal for General Philosophy of Science* 28 (1) (1997): 83 –117.

C. Emmeche, S. Køppe, F. Stjernfelt, "Levels, Emergence, and Three Versions of Downward Causation," in P. B. Andersen et al., eds, *Downward Causation: Minds, Bodies and Matter* (Aarhus: Aarhus University Press, 2000).

C. Gillett, "Samuel Alexander's Emergentism: Or, Higher Causation for Physicalists," *Synthese* 153 (2) (2006): 261 –296.

D. A. Harper, A. M. Endres, "The Anatomy of Emergence, with a Focus Upon Capital Formation," *Journal of Economic Behavior & Organization* 82 (2 – 3) (2012): 352 –367.

D. Chalmers, "Strong and Weak Emergence," in P. Clayton, P. Davie, eds., *The Re-Emergence of Emergence: The Emergentist Hypothesis from Science to*

Religion (New York: Oxford University Press, 2006).

D. C. Mikulecky, "The Emergence of Complexity: Science Coming of Age or Science Growing Old?" *Computers & Chemistry* 25 (4) (2001): 341-348.

E. Thompson, A. Lutz, D. Cosmelli, "Neurophenomenology: An Introduction for Neurophilosophers," in A. Brook, K. Akins, eds., *Cognition and the Brain: The Philosophy and Neuroscience Movement* (New York and Cambridge: Cambridge University Press, 2005).

E. Thompson, F. Varela, "Radical Embodiment: Neural Dynamics and Consciousness," *Trends in Cognitive Sciences* 5 (10) (2001): 418-425.

E. Winsberg, "Computer Simulations in Science," *Stanford Encyclopedia of Philosophy* 9 (2019), https://plato.stanford.edu/entries/simulations-science/.

F. C. Boogerd et al., "Emergence and Its Place in Nature: A Case Study of Biochemical Networks," *Synthese* 145 (1) (2005): 131-164.

F. Kronz, J. Tiehen, "Emergence and Quantum Mechanics," *Philosophy of Science* 69 (2) (2002): 324-347.

F. M. Atay, Jürgen Jost, "On the Emergence of Complex Systems on the Basis of the Coordination of Complex Behaviors of Their Elements: Synchronization and Complexity," *Complexity* 10 (1) (2004): 17-22.

G. Fioretti, "Emergent Organizations," in D. Secchi, M. Neumann, eds., *Agent-Based Simulation of Organizational Behavior: New Frontiers of Social Science Research* (Switzerland: Springer International Publishing, 2006).

G. F. R. Ellis, "On the Nature of Emergent Reality," in P. Clayton, P. Davies eds., *The Re-Emergence of Emergence* (Oxford: Oxford University Press, 2006).

G. Tononi, "Information Integration: Its Relevance to Brain Function and Consciousness," *Archives Italiennes De Biologie* 148 (3) (2010): 299-322.

G. Vijver, "The Relation Between Causality and Explanation in Emergentist Naturalistic Theories of Cognition," *Behavioural Processes* 35 (1) (1995): 287-297.

G. Vision, "Emergentism," in S. Schneider, M. Velmans, eds., *The Black-*

well Companion to Consciousness Second Edition （New York: Wiley-Black-well, 2017）.

H. Atmanspacher, "Contextual Emergence from Physics to Cognitive Neuro-science ," *Journal of Consciousness Studies* 14 （2007）: 1 – 18.

H. Atmanspacher, S. Rotter, "Interpreting Neurodynamics: Concepts and Facts," *Cognitive Neurodynamics* 2 （4）（2008）: 297 – 318.

I. Appelbaum, "Two Conceptions of the Emergence of Phonemic Structure," *Foundations of Science* 9 （4）（2004）: 415 – 435.

I. C. Baianu, R. Brown, J. F. Glazebrook, "Categorical Ontology of Complex Spacetime Structures: The Emergence of Life and Human Consciousness," *Axiomathes* 17 （3 – 4）（2007）: 223 – 352.

I. Kecskés, "A Cognitive-Pragmatic Approach to Situation-Bound Utterances," *Journal of Pragmatics* 32 （6）（2000）: 605 – 625.

J. Butterfield, "Less is Different: Emergence and Reduction Reconciled," *Foundations of Physics* 41 （6）（2011）: 1065 – 1135.

J. Engelhardt, "Mental Causation is Not Just Downward Causation," *Ratio* 30 （1）（2015）: 31 – 46.

J. Ganeri, "Emergentisms, Ancient and Modern," *Mind* 120 （479）（2011）: 671 – 703.

J. Goldstein, "Emergence as a Construct: History and Issues," *Emergence* 1 （1）（1999）: 49 – 72.

J. Kim, "Being Realistic about Emergence," in P. Clayton , P. Davies. eds. , *The Re-Emergence of Emergence* （Oxford: Oxford University Press, 2006）.

J. Kim, "Emergence: Core Ideas and Issues," *Synthese* 151 （3）（2006）: 547 – 559.

J. Kim, "Epiphenomenal and Supervenient Causation," *Midwest Studies in Philosophy* 9 （1）（2010）: 257 – 270.

J. Kim, "Making Sense of Emergence," *Philosophical Studies* 95 （1）（1999）: 3 – 36.

J. Korf, "Emergence of Consciousness And Qualia From A Complex Brain," *Fo-*

lia Medica, 56 (4) (2014): 289 –296.

J. L. McClelland, D. E. Rumelhart, "An Interactive Activation Model of the Effect of Context in Perception, Part I. An Account of Basic Findings," *Psychological Review* 88 (5) (1981): 375 –407.

J. L. McClelland, "Emergence in Cognitive Science," *Topics in Cognitive Science* 2 (4) (2010): 751 –770.

J. Megill, "A Defense of Emergence," *Axiomathes* 23 (4) (2013): 597 –615.

J. Needham, "Integrative Levels: A Revaluation of the Idea of Progress," *International Journal of Ethics* 9 (3) (1938): 195 –213.

J. Walmsley, "Emergence and Reduction in Dynamical Cognitive Science," *New Ideas in Psychology* 28 (3) (2010): 274 –282.

K. Mainzer, "The Emergence of Mind and Brain: An Evolutionary, Computational, and Philosophical Approach," *Progress in Brain Research*, 168 (2007): 115 –132.

K. Tachihara, A. E. Goldberg, "Emergentism in Neuroscienceand Beyond," *Journal of Neurolinguistics* (2018), https://doi. org/10. 1016/j. jneuroling. 2018. 04. 009.

L. A. Stein, "Challenging the Computational Metaphor: Implications for How We Think," *Cybernetics and Systems* 30 (6) (2010): 473 –507.

L. H. Favela, "Cognitive Science as Complexity Science," *Wiley Interdisciplinary Reviews: Cognitive Science* 11 (4) (2020): 1 –24.

L. H. Favela, J. Martin, " 'Cognition' and Dynamical Cognitive Science," *Minds and Machines* 27 (2) (2017): 331 –355.

M. A. Bedau, "Downward Causation and the Autonomy of Weak Emergence," *Principia: An International Journal of Epistemology* 6 (1) (2002): 5 –50.

M. A. Bedau, "Is Weak Emergence Just in the Mind?" *Minds and Machines* 18 (4) (2008): 443 –459.

M. A. Bedau, "Weak Emergence Drives the Science, Epistemology, and Metaphysics of Synthetic Biology," *Biological Theory* 8 (4) (2013): 334 –345.

M. A. Bedau, "Weak Emergence," *Philosophical Perspectives* 11 (1997):

375 – 399.

M. Bertolaso, "Uncoupling Mereology and Supervenience: A Dual Framework for Emergence and Downward Causation," *Axiomathes* 27 (1) (2017): 1 – 16.

M. Buchmann, "Emergent Properties," *International Encyclopedia of the Social & Behavioral Sciences* 21 (2) (2001): 4424 – 4428.

M. Bunge, "Emergence and the Mind," *Neuroscience* 2 (4) (1977): 501 – 509.

M. Eronen, Emergence in the Philosophy of Mind (Ph. D. diss. , University of Helsinki, 2004).

M. Knauff, A. G. Wolf, "Complex Cognition: The Science of Human Reasoning, Problem-Solving, and Decision-making," *Cognitive Processing* 11 (2) (2010): 99 – 102.

M. Mossio, L. Bich, A. Moreno, "Emergence, Closure and Inter-level Causation in Biological Systems," *Erkenntnis* 78 (2) (2013): 153 – 178.

M. Silberstein, "Converging on Emergence: Consciousness, Causation and Explanation ," *Journal of Consciousness Studies* 8 (9 – 10) (2001): 61 – 98.

M. Silberstein, "Emergence and Reduction in Context: Philosophy of Science and/or Analytic Metaphysics," *Metascience* 21 (3) (2012): 627 – 642.

M. Silberstein, "Emergence& the Mind-Body Problem," *Journal of Consciousness Studies* 5 (4) (1998): 464 – 482.

M. Silberstein, J. Mcgeever, "The Search for Ontological Emergence," *Philosophical Quarterly* 49 (195) (1999): 182 – 200.

Ángel García-Baños, "A Computational Theory of Consciousness: Qualia and the Hard Problem," *Kybernetes* 48 (5) (2019): 1078 – 1094.

P. A. Corning, "The Re-Emergence of 'Remergence': A Venerable Concept in Search of a Theory," *Complexity* 7 (6) (2002): 18 – 30.

P. B. Graben, A. Barrett, H. Atmanspacher, "Stability Criteria for the Contextual Emergence of Macrostates in Neural Networks," *Network* 20 (3) (2009): 178 – 196.

P. Checkland, "The Emergent Properties of SSM in Use: A Symposium by Reflective Practitioners," *Systemic Practice and Action Research* 13（6）（2000）: 799 – 823.

P. Clayton, "Emergence, Supervenience, and Personal Knowledge," *Tradition & Discovery* 29（3）（2002）: 8 – 19.

P. Clayton, "The Emergence of Spirit: From Complexity to Polanyi M. Life's Irreducible Structure," *Science* 160（3834）（1968）: 1308 – 1312.

P. Humphreys, "Computational and Conceptual Emergence," *Philosophy of Science* 75（5）（2008）: 584 – 594.

P. Humphreys, "Emergence, not Supervenience," *Philosophy of Science* 64（4）（1997）: 337 – 345.

P. Humphreys, "How Properties Emerge," *Philosophy of Science* 64（1）（1997）: 1 – 17.

P. Humphreys, "Synchronic and Diachronic Emergence," *Minds & Machines* 18（14）（2008）: 431 – 442.

P. Lewis, "Emergent Properties in the Work of Friedrich Hayek," *Journal of Economic Behavior & Organization*, 82（2 – 3）（2012）: 368 – 378.

R. Batterman, "Intertheory Relations in Physics," https://plato. stanford. edu/entries/ physics-interrelate/. Firstpublished, 2001.

R. C. Bishop, "Whence Chemistry?" *Studies in History and Philosophy of Science Part B: Studies in History and Philosophy of Modern Physics* 2（2010）: 171 – 177.

Richard Wu, "Transformation Emergence, Enactive Co-Emergence, and the Causal Exclusion Problem," *Philosophical Studies* 174（2017）: 1735 – 1748.

R. J. Campbell, M. H. Bickhard, "Physicalism, Emergence and Downward Causation," *Axiomathes* 21（1）（2011）: 33 – 56.

R. Leve, "Cognition, Complexity, and Principles of Flight: Cognitive Reductive Procedures and Complex Systems," *Complexity*, 11（3）（2006）: 11 – 19.

R. L. Klee，"Micro-Determinism and Concepts of Emergence," *Philosophy of Science* 51（1）（1984）：44 – 63.

R. M. Francescotti，"Emergence," *Erkenntnis* 67（1）（2007）：47 – 63.

R. Poczobut，"Contextual Emergence and Its Applications in Philosophy of Mind and Cognitive Science," *Roczniki Filozoficzne* 66（3）（2018）：123 – 146.

R. Welshon，"Emergence, Supervenience, and Realization," *Philosophical Studies* 108（1 – 2）（2002）：39 – 51.

R. W. Sperry，"A Modified Concept of Consciousness," *Psychological Review* 76（6）（1969）：532 – 536.

S. C. Pepper，"Emergence," *Journal of Philosophy* 23（9）（1926）：241 – 245.

S. D. Haro，"Towards a Theory of Emergence for the Physical Sciences," *European Journal for Philosophy of Science* 9（3）（2019）：1 – 52.

S. D. Mitchell，"Emergence：Logical, Functional and Dynamical," *Synthese* 185（2）（2012）：171 – 186.

S. Shoemaker，"Kim on Emergence," *Philosophical Studies* 108（1 – 2）（2002）：53 – 63.

T. O'Connor, Wong, Hongyu，"Emergent Properties," in N. Z. Edward, eds.，*The Stanford Encyclopedia of Philosophy*（Stanford：Standford University，2015）

U. Schmid，"The Challenge of Complexity for Cognitive Systems," *Cognitive Systems Research* 12（3）（2011）：211 – 218.

W. Jaworski，"Mental Causation from the Top-Down," *Erkenntnis* 65（2）（2006）：277 – 299.

W. Kinsner，"Complexity and Its Measures in Cognitive and other Complex Systems," *IEEE International Conference on Cognitive Informatics* 7（2008）：13 – 29.

W. Seager，"Emergence and Supervenience," in W. Seager ed.，*Natural Fabrications：Science, Emergence and Consciousness*（Berlin，Heidelberg：Springer-Verlag，2012）.

图书在版编目（CIP）数据

认知涌现论研究 / 苏圆娟著. -- 北京：社会科学
文献出版社，2023.12
（认知哲学文库）
ISBN 978 - 7 - 5228 - 3062 - 9

Ⅰ.①认…　Ⅱ.①苏…　Ⅲ.①认知科学 - 科学哲学 -
研究　Ⅳ.①B842.1

中国国家版本馆 CIP 数据核字（2023）第 246048 号

认知哲学文库

认知涌现论研究

著　　者 / 苏圆娟

出 版 人 / 冀祥德
责任编辑 / 周　琼
文稿编辑 / 周浩杰
责任印制 / 王京美

出　　版 / 社会科学文献出版社·政法传媒分社（010）59367126
　　　　　　地址：北京市北三环中路甲 29 号院华龙大厦　邮编：100029
　　　　　　网址：www.ssap.com.cn
发　　行 / 社会科学文献出版社（010）59367028
印　　装 / 三河市东方印刷有限公司

规　　格 / 开　本：787mm × 1092mm　1/16
　　　　　　印　张：15　字　数：236 千字
版　　次 / 2023 年 12 月第 1 版　2023 年 12 月第 1 次印刷
书　　号 / ISBN 978 - 7 - 5228 - 3062 - 9
定　　价 / 89.00 元

读者服务电话：4008918866